擲硬幣、AI圍棋、俄羅斯輪盤

· 生活中處處機率, ·
處處有趣

從骰子遊戲到

AlphaGo

1 4 5 6 7
3 2 8

 確定的世界×隨機的可能×難以預知的未來

天氣預報說降雨機率是60%,撐傘卻碰上大太陽;
某股票三個月後翻倍的機率是67%,你猶豫著是否該買;
滿懷希望地買了好幾張樂透,朋友卻說中獎機率是一億分之一……

一本搞定生活中隨處可見,你卻不懂的「機率論」!
不必是數學天才,也能在數字的世界裡占據先機

張天蓉

著

目錄

目錄

參考文獻

目錄

前言

　　這是一本寫給對機率統計及應用有興趣的非專業讀者的書，目的是幫助他們理解高科技發展中機率統計等概念的意義。本書在寫作中以悖論、謬誤，以及一些饒有趣味的數學案例為前導，引發讀者的興趣和思考，並在解答問題的過程中講述機率論中的基本知識和原理，及其在物理學、資訊論、網路、人工智慧等領域與技術中的應用。書中介紹的著名趣味機率問題包括賭博點數分配問題、賭徒謬誤、高爾頓板、幾何概形悖論、醉漢漫步、德國坦克問題、博士相親、中國餐館過程等。透過討論這些簡單有趣的例子，讓讀者了解機率統計中的重要概念，如隨機變數、期望值、貝氏定理、大數法則、中央極限定理、馬可夫過程、深度學習等等。

　　針對機率論，有「法國牛頓」之稱的 P.S · 拉普拉斯（P.S.Laplace, 1749 ～ 1827）曾說：「這門源自賭博機運之科學，必將成為人類知識中最重要的一部分，生活中大多數問題，都將只是機率的問題。」

　　兩百多年之後的當今文明社會證實了拉普拉斯的預言，這個世界充滿了不確定性。作為數學領域的重要分支，機率論的基本概念早已融入到工作和生活當中，小到人人都可以買到的樂透，大到如今熱度不減的各種大數據，還有近年來突飛猛進的人工智慧技術，包括打敗人類頂級圍棋手的「AlphaGo」和自動車輛使

前言

用的「深度機器學習」算法等，都與機率論密切相關。

因此，人人都有必要學點機率論，了解一下機率與統計有哪些基本理論，世界是隨機的嗎？它們是如何被應用到現代科學及人工智慧中的。然而，因涉及複雜的數學計算等問題，這個領域使大眾望而生畏。本書旨在盡可能地跳出數學公式，用平易近人的話語將機率與統計中一些深奧的概念轉變為大眾更容易理解的實際案例。

機率論本來就是從多種賭博遊戲中誕生的，因此，第 1 章從機率論的誕生歷史開始，透過介紹經典機率論中幾個著名悖論，讓大眾了解大數法則、中央極限定理、貝氏定理等機率論中的基本概念及應用。

第 2 章主要介紹在現代機率論及應用中極其重要的貝氏學派。有趣的三門問題是一個經典問題，卻由此啟發我們思考機率的本質，從而有利於介紹機率論中「頻率學派和貝氏學派」之間的兩派之爭。多數機率論書籍均僅僅基於頻率學派的觀點而寫成，而本書只在第 1 章中涉及古典機率論（即頻率學派）的基本概念，之後便將貝氏學派頗為不同的思考方法，貫穿於本書的敘述中，這也是本書的特色之一。

機率描述的隨機變數如何隨時間而演化？這類由一系列隨機變數構成的「隨機過程」，是第 3 章介紹的內容。「隨機過程」這個聽起來生澀的數學專業詞彙，也被作者用「醉漢漫

步」的通俗例子解讀得一目了然。

　　之後的第4、5、6章，分別簡要地介紹機率論在統計物理、資訊論、網路理論中的應用。同樣地，作者努力避開說教式的言辭，把知識融入故事中，在講解知識的同時，帶給讀者閱讀故事、解讀趣題的樂趣。緊接著，在最後一章中，作者提綱挈領地介紹人工智慧中熱門的深度卷積神經網路，儘管只能管窺蠡測，但從幾個關鍵算法中，讀者也能對機器學習的奧祕略知一二。

　　本書既可淺讀，也能深究，盡量做到滿足各個教育程度大眾的閱讀興趣。涉獵的知識範圍廣泛，將數學、物理、通訊、資訊、電腦、人工智慧多個領域，透過「機率」而串連到了一起。希望本書可以幫助讀者更快速、更深刻地理解機率統計，將其應用於生活和社會，也可以讓年輕人從遊戲和趣題中學到知識，吸引他們踏進基礎科學、人工智慧、資訊技術的大門。

　　當今社會處處是機率，萬物皆隨機，悖論知多少，趣題相與析。大家都來讀書解惑，玩玩有趣的機率遊戲吧！

作者

前言

第 1 章
趣談機率

　　骰子這東西，算是一種最古老的賭具，據說人類在 5,000年前就開始使用它。它最早由埃及人發明出來，但在四大文明古國的歷史中大概也都有獨自發明類似物件的記載。不過，人類將這骰子甩來拋去擲了幾千年，卻沒有明白其中深藏的數學奧祕，直到距今 400 多年前……

帕斯卡和法國數學：機率論的誕生

　　17 世紀時，從義大利開始的文藝復興運動已經席捲歐洲，也影響法國，為這裡帶來了科學與藝術的蓬勃發展和革命。法國數學界人才濟濟、群星璀璨，人們稱其為數學之邦，它也不愧是機率論之故鄉。

　　談及 17 世紀的法國數學，不可不提一位舉足輕重的人物：馬蘭‧梅森（Marin Mersenne, 1588 ～ 1648），見圖 1-1-1。梅森也是一位數學家，但他的貢獻主要不是在學術方面，這方面能列得出來的只有一個「梅森質數」。梅森出身於法國的農民家庭，不是貴族卻成為許多愛好科學的貴族間的聯繫紐帶。梅森少年時畢業於耶穌會學校，是笛卡兒的同校學長，於 1611 年進入修道院，成為法國天主教的一名教士。1626 年，他把自己在巴黎的修道室，辦成了科學家們的聚會場所和交流中心，稱為「梅森學院」。這個聯繫和組織人才的「科學沙龍」，實際上是後來開明君王路易十四所創建並給予豐厚贊助的「巴黎皇家科學院」的前身（圖 1-1-2）。因此，梅森為法國科學（特別是數學）的發展做出了巨大的貢獻。

馬蘭·梅森　　勒內·笛卡兒　　布萊茲·帕斯卡
(1588—1648)　(1596—1650)　(1623—1662)

皮埃爾·德·費馬　　克里斯蒂安·惠更斯
(1601—1665)　　　(1629—1695)

圖 1-1-1　梅森及梅森學院的部分數學家

　　梅森見多識廣、才華不凡，性格隨和，平易近人，在他的身邊很快聚集起一批優秀的學者，他們定期到修道室聚會。此外，當時的梅森科學沙龍還經常使用通信方式互相聯繫，或單獨與梅森聯繫，報告交流研究成果和新思想，因此人們稱它為「移動的科學刊物」。梅森去世後的遺產中留下了與 78 位學者之間的珍貴信函，其中包括笛卡兒、伽利略、費馬、托里切利、惠更斯等歐洲各國多個領域的科學家。例如，笛卡兒有 20 多年隱居荷蘭，在那裡完成了他在哲學、數學、物理學、生理學等領域的許多主要著作，此期間只有梅森定期與他保持聯繫。

圖 1-1-2　油畫：1666 年，柯爾貝向路易十四引薦皇家科學院成員
（引自維基百科 French Academy of Sciences 詞條。https：//pic4.zhimg.
com/b814e84218fd2c3e83de751dd7337b9b_r.jpg）

　　我們熟悉的笛卡兒，全名為勒內‧笛卡兒（René
Descartes, 1596 ～ 1650），就是那位以說出「我思故我在」
而聞名於世的現代哲學之父及解析幾何的奠基人，於 1596 年出
生在法國北部的都蘭城。笛卡兒的父親是當地的一個議員，母
親在他 1 歲多時因肺結核去世，並將這個當時被列為不治之症
的疾病傳染給了他，因此，這個貴族家庭對體弱多病的笛卡兒
寵愛有加。

　　另一位法國數學家，布萊茲‧帕斯卡（Blaise Pascal,
1623 ～ 1662）誕生於法國中部一個叫克萊蒙費朗的小城市中

的小貴族家庭。帕斯卡比笛卡兒小了 27 歲，但兩位數學家的童年卻有不少共同之處。都是母親早逝、父親富有、身體羸弱、智力過人。其實不僅僅是童年生活，兩位學者的學術生涯也有不少共同點，都是興趣廣泛、博學多思，他們除了在科學上的許多領域做出傑出貢獻之外，也都在人文和哲學方面取得了非凡的成就。並且，在成名之後，笛卡兒和帕斯卡兩人都不約而同地選擇了半隱居式的生活。帕斯卡於 39 歲時在巴黎英年早逝，笛卡兒活得也不長，不過這位「現代哲學之父」之死頗具傳奇性。笛卡兒原本是企圖追求「安寧和平靜」的隱居生活，平生的習慣是喜歡「睡懶覺」，躲在暖和的被窩裡思考數學和哲學問題。據說他的解析幾何坐標概念的靈感就是在做了「三個奇怪的夢」之後得來的。可是，笛卡兒在晚年，被瑞典的克莉絲汀娜女王看中，召見其為她講哲學晨課。女王喜歡早起，可憐的已經年過五旬的笛卡兒只好違背他多年的作息習慣，每天早上 5 點爬起來為女王上課，最後因為適應不了北歐嚴寒多雪的冬天，於 1650 年得肺炎去世了！

生活在法國南部的著名律師和業餘數學家皮埃爾·費馬（Pierre de Fermat, 1601 ～ 1665）也是透過書信的方式與梅森及其他數學同行保持聯繫，他的不少數學成果都是在這些書信中誕生的。

還有荷蘭人克里斯蒂安·惠更斯（Christiaan Huygens,

1629 ～ 1695），他是著名的物理學家、天文學家和數學家。他曾經師從笛卡兒，後來又透過書信交流成為梅森學院重要成員。梅森去世後，巴黎皇家科學院成立，惠更斯為首任院長，在巴黎待了近 20 年。

· 神童帕斯卡

才華橫溢的帕斯卡參加梅森學院聚會時才 14 歲，而當時的笛卡兒卻已經過了不惑之年。兩人身世相仿，關係卻並不融洽，反倒像是有些嫉妒的陰影摻雜其中。

科學神童帕斯卡在他 11 歲那年，創作了一篇關於身體振動發出聲音的文章，使得懂數學的議員父親提高了警惕，他禁止兒子在 15 歲前繼續追求數學知識，以免他荒廢拉丁語和希臘文的學習。但有一天，12 歲的帕斯卡用一塊木炭在地板上畫圖，發現了歐幾里得幾何的第 32 命題：三角形的內角和等於兩直角。從那時起，父親改變了想法，讓小帕斯卡繼續獨自思索幾何問題，後來還帶著他旁聽並參加梅森修道院每週一次的科學聚會。

帕斯卡在 16 歲時寫了一篇被稱作神祕六邊形的短篇論文〈圓錐曲線專論〉。文章中證明了一個圓錐曲線內接六邊形的三對對邊延長線的交點共線，這個結論現在被稱為「帕斯卡定理」，見圖 1-1-3（a）。文章被寄給梅森神父後得到眾學者的極大讚賞，只有笛卡兒除外。笛卡兒不常親臨巴黎的聚會，但看了帕斯卡的手稿後，一開始拒絕相信這是出自一個 16 歲少年之

手，認為是帕斯卡的父親所寫。後來，儘管梅森再三保證這是小帕斯卡的文章，笛卡兒仍然不屑一顧地聳聳肩膀，表明沒什麼大不了的。但實際上，帕斯卡定理對投影幾何早期的發展起了很大的推動作用，向人們展示了投影幾何學深刻、優美、直觀的一面。

帕斯卡也喜歡研究物理問題，曾針對真空及大氣壓的性質進行實驗。1640 年代，伽利略的弟子托里切利（Torricelli, 1608 ～ 1647）發明了用水銀柱測量氣壓的方法，確定大氣壓強使得水銀柱大約上升 76cm。實驗結果激發了當時的物理學家們思考和討論大氣壓力及空氣重量的問題。年輕的帕斯卡首先重複了托里切利的實驗，繼而進一步猜測：如果將氣壓計放在一個高高的塔頂上，其中水銀柱上升的高度將比 76cm 低，因為空氣更為稀薄。而空氣再稀薄下去便是「真空」。帕斯卡計劃用實驗來證實他的這些想法。1647 年，正好笛卡兒難得地來到巴黎並拜訪了這位小天才，據說這是兩人唯一的一次會晤。笛卡兒同意帕斯卡的部分觀點，卻對真空存在問題的實驗和研究不以為然。笛卡兒認為真空不存在，也不能用實驗來驗證，之後還向其他人嘲笑帕斯卡，說他「頭腦中的真空太多了」。不過，在那次會面中，年輕的帕斯卡也不服輸，更不畏懼笛卡兒的權威。他反駁了笛卡兒的某些哲學觀念，他認為：「心靈有其自己的思維方式，是理智所不能掌握的。」

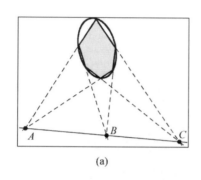
(a)

(b)

圖 1-1-3　帕斯卡研究幾何和物理
（a）帕斯卡定理：A、B、C 共線；（b）帕斯卡做氣壓實驗

第二年，1648 年 9 月 19 日，帕斯卡的姐夫在多姆山上按照帕斯卡的設計進行氣壓計實驗，證明在山腳和山頂，氣壓計水銀柱的高度相差一個不小的數目：3.15 英吋！（約為 8cm）帕斯卡自己則在巴黎的一個 52 公尺高的塔頂上重複類似的實驗，見圖 1-1-3（b）。實驗成功地證實了帕斯卡關於水銀柱高度隨著海拔高度的增加而減少的猜測，震動了科學界。後人為紀念帕斯卡的貢獻，將氣壓的單位用「帕」（帕斯卡名字的另一個字）來命名。

之後幾年，帕斯卡又做了一系列物理實驗，研究了液體壓強的規律，不斷取得新發現，並有多項重大發明。帕斯卡總結了這些實驗，於 1654 年發表論文〈論液體的平衡〉，提出了著名的帕斯卡定律：密閉液體任一部分的壓強，將大小不變地向

液體的各個方向傳遞。如圖 1-1-4（a）所示，左邊是液面面積較小（面積為 A_1）的活塞，右邊液面的面積（A_2）是左邊的 10 倍（$A_2 = 10A_1$）。如果在左邊的活塞上施加一個不太大的力 F_1，因為壓強 P 可以大小不變地透過液體從左邊傳遞到右邊（$P_1 = P_2$），就將在右邊液面得到一個比 F_1 大 10 倍的升力（$F_2 = P_2A_2 = 10F_1$）。這個如今看來十分簡單的原理成為液壓起重機以及所有液壓機械的工作基礎。

說到重大發明，不可忽略帕斯卡設計的計算機，那是帕斯卡在未滿 19 歲時為了減輕他父親重複計算稅務收支的一項發明。雖然巨大、笨重、難以使用，且只能做加減法，卻可以列為最早的、首次確立電腦器概念的機械計算機之一，算是我們現在人手一件的電子計算機的始祖了（圖 1-1-4（b））。

也許是因為身體不好的原因，長期與病魔的鬥爭使得帕斯卡心力交瘁。也有人認為帕斯卡這顆非比尋常的敏感心靈被當時病態的宗教所扭曲。總之，帕斯卡在生命的最後幾年裡，不再進行科學和數學的研究，而是將時間貢獻給了神學和哲學，不過期間他也寫出了被法國大文豪伏爾泰稱為「法國第一部散文傑作」的《思想錄》。在這部處處閃現思想火花的文集中，帕斯卡以浪漫思維的方式、清明如水的文筆，探討若干宗教和哲學問題。與笛卡兒提出理性計算的邏輯不同，帕斯卡提出心靈的邏輯：「思想形成了人的偉大」。可惜這本書尚未完成，39 歲的帕斯卡便溘然長逝，真正到天國尋找他的上帝去了。

第 1 章　趣談機率

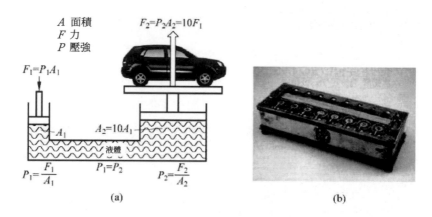

圖 1-1-4　帕斯卡原理和計算機
（a）帕斯卡原理應用到液壓起重機；（b）帕斯卡發明的機械電腦

　　帕斯卡對數學還有一個大的貢獻：與費馬一起開拓了機率論這個重要的數學分支，下面就談談機率論的誕生。

・ 機率論的誕生

　　當時歐洲國家的貴族盛行賭博之風，賭博方式倒是特別簡單：擲骰子或者拋硬幣。不過，如此簡單的賭具中卻蘊藏著不一般的數學原理，因為這裡涉及的遊戲結果是與眾不同的一類變數。比如說拋硬幣，硬幣有正反兩面，拋出的硬幣落下後的結果不確定，可能是正面，也可能是反面。結果的正反是隨機的、難以預料的，卻按照一定的機率出現，因而被稱為「隨機變數」。現在，我們把研究隨機變數及其機率的數學理論稱為「機率論」。

　　話說當年的法國有一位叫德・梅雷的貴族，在擲骰子遊戲之

餘，也思考一點相關的數學問題。他苦思不得其解時，便向以聰明著稱的帕斯卡請教。1654 年，他向帕斯卡請教了一個親身經歷的「分賭注問題」。故事大概如此：梅雷和賭友各自出 32 枚金幣，共 64 枚金幣作為賭注。擲骰子為賭博方式，如果結果出現「6」，梅雷贏 1 分；如果結果出現「4」，對方贏 1 分；誰先得到 10 分，誰就贏得全部賭注。賭博進行了一段時間後，梅雷已得了 8 分，對方也得了 7 分。但這時，梅雷接到緊急命令，要立即陪國王接見外賓，於是只好中斷賭博。那麼，問題就來了，這 64 枚金幣的賭注應該如何分配才合理呢？

這個問題實際上是在 15、16 世紀時就已經被提出過，稱之為「點數分配問題」，意思就是說，在一場賭博半途中斷的情況下，應該如何分配賭注？人們提出各種方案，但未曾得到大家都認為合理的答案。

就上面梅雷和賭友的例子來說。將賭注原數退回顯然不合理，沒有考慮賭博中斷時的輸贏情況，相當於白賭了一場。將全部賭注歸於當時的贏家也不公平，比如當時梅雷比對方多得一分，但他還差 2 分才能贏，而對方差 3 分，如果繼續賭下去的話，對方也有贏的可能性。

帕斯卡對這個問題十分感興趣。直觀而言，上面所述的兩種方案顯然不合理，賭博中斷時的梅雷應該多得一些，但到底應該多得多少呢？也有人建議以當時兩人比分的比例來計算：梅雷 8 分，對方 7 分，那麼梅雷得全部賭注的 8/15，對方得

7/15。這種分法也有問題，比如說，如果甲乙雙方只賭了一局就中斷了，甲贏得 1 分，乙得 0 分。按照剛才的分法，甲拿走全部賭注，顯然又是極不合理的分法。

帕斯卡從直覺意識到，中斷賭博時賭注的分配比例，應該由當時的輸贏狀態與雙方約定的最終判據的距離有關。比如說，梅雷已經得了 8 分，距離 10 分的判據差 2 分；賭友得了 7 分，還差 3 分到 10 分。因此，帕斯卡認為需要研究從中斷賭博那個「點」開始，如果繼續賭博的各種可能性。為了盡快地解決這個問題，帕斯卡以通信的方式與住在法國南部的費馬討論。費馬不愧是研究純數學的數論專家，很快列出了「梅雷問題」中賭博繼續下去的各種結果。

梅雷原來的問題是擲骰子賭「6 點」或「4 點」的問題，但可以簡化成拋硬幣的問題：甲乙兩人拋硬幣，甲賭「正」，乙賭「反」，贏家得 1 分，各下賭注 10 元，先到達 10 分者獲取所有賭注。如果賭博在「甲 8 分、乙 7 分」時中斷，問應該如何分配這 20 元賭注。圖 1-1-5（a）顯示了費馬的分析過程：從賭博的中斷點出發，還需要拋 4 次硬幣來決定甲乙最後的輸贏。這 4 次隨機拋擲產生 16 種等機率的可能結果。因為「甲贏」需要結果中出現 2 次「正」，「乙贏」需要結果中出現 3 次「反」，所以在 16 種結果中，有 11 種是「甲贏」，5 種是「乙贏」。換言之，如果賭博沒有中斷，而是從中斷點的

狀態繼續到底的話，可以算出甲贏的機率是 11/16，乙贏的機率是 5/16。賭博的中斷使得雙方按照這種比例失去了最後贏得全部賭注的機會，因此，按此比例來分配賭注應該是合理的方法。所以，根據費馬的分析思路，甲方應該得 20 元 ×11/16 ＝ 13.75 元，乙方則得剩餘的，或 20 元 ×5/16 ＝ 6.25 元。

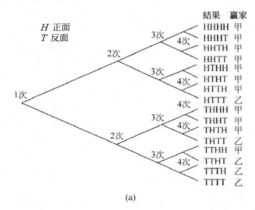

(a)

結果				機率	所得（甲）	機率加權所得
H	H			1/4	20	5
H	T	H		1/8	20	5/2
H	T	T	H	1/16	20	5/4
H	T	T	T	1/16	0	0
T	H	H		1/8	20	5/2
T	H	T	H	1/16	20	5/4
T	H	T	T	1/16	0	0
T	T	H	H	1/16	20	5/4
T	T	H	T	1/16	0	0
T	T	T		1/8	0	0

期望值（甲）55/4=$13.7

(b)

圖 1-1-5　費馬和帕斯卡對點數分配問題的思路
　　（a）費馬列出所有結果計算分配比例；
　（b）帕斯卡引入期望值的概念計算所得（甲）

帕斯卡十分讚賞費馬思路的清晰，費馬的計算也驗證了帕斯卡自己得到的結論，雖然他用的是與費馬完全不一樣的方法。帕斯卡在解決這個問題的過程中提出了離散隨機變數的「期望值」的概念。期望值是用機率加權後得到的平均值。如圖 1-1-5（b）所示，帕斯卡計算出從甲方的觀點，「期望」能得到的賭注分配為 13.75 元，與費馬計算的結果一致。

　　「期望」是機率論中的重要概念，期望值是機率分布的重要特徵之一，它常被用在與賭博相關的計算中。例如，美國賭場有一種輪盤賭。其輪盤上有 38 個數字，每一個數字被選中的機率都是 1/38。顧客將賭注（比如 1 美元）押在其中一個數字上，如果押中了，顧客得到 35 倍的獎金（35 美元），否則賭注就沒了，即損失 1 美元。那麼，如何計算顧客「贏」的期望值呢？

　　根據期望值的定義「機率加權求平均」進行計算，圖 1-1-6 顯示了計算結果：顧客贏錢的期望值是一個負數，約等於－0.0526 美元。也就是說，對賭徒而言，平均起來每賭 1 美元就會輸掉 5 美分，相當於賭場贏了 5 美分，所以賭場永遠不會虧！

變量 x	-1	35
機率 $P(x)$	37/38	1/38

$E(x)=-1(37/38)+35(1/38)=-0.05$
期望值

圖 1-1-6　賭場輪盤對賭徒而言的期望值

從研究擲骰子開始，帕斯卡不僅僅引入了「期望」的概念，還發現了「帕斯卡三角形」（即中國古書中所記載的「楊輝三角形」）（圖 1-1-7），雖然楊輝的發現早於帕斯卡好幾百年，但是帕斯卡將此三角形與機率、期望、二項式定理、組合公式等聯繫在一起，與費馬一起為現代機率理論奠定了基礎，對數學做出了不凡的貢獻。1657 年，荷蘭科學家惠更斯在帕斯卡和費馬工作的基礎上，寫成了《論賭博中的計算》一書，被認為是關於機率論的最早系統論著。不過，人們仍然將機率論的誕生日，定為帕斯卡和費馬開始通信的那一天 —— 1654 年 7 月 29 日。

$$(a+b)^0=1$$
$$(a+b)^1=1a+1b$$
$$(a+b)^2=1a^2+2ab+1b^2$$
$$(a+b)^3=1a^3+3a^2b+3ab^2+1b^3$$
$$(a+b)^4=1a^4+4a^3b+6a^2b^2+4ab^3+1b^4$$

圖 1-1-7　帕斯卡三角形

似是而非的答案：機率論悖論

如今，「機率」一詞在我們的生活中隨處可見，被人們使用得越來越廣泛和頻繁。因為這是一個越來越多變的世界：一切都在變化，一切都難以確定。我們的世界可以說是由變數構成的，其中包括很多決定性變數。比如新聞說：「2017 年 8 月 24 日 18 時 51 分，福衛五號在范登堡空軍基地成功發射」，這

第 1 章　趣談機率

裡的時間、地點都是確定的決定性變數。然而，我們的生活中也有許多難以確定的隨機變數，比如明天空汙的程度，或某公司的股票值等等，都是不確定的隨機變數。隨機變數不是用固定的數值表達，而是用某個數值出現的機率來描述。正因為處處都有隨機變數，所以處處都聽見「機率」一詞。你打開電視聽天氣預報，看看今天會不會下雨，氣象預報員告訴你說：今天早上 8 點鐘的「降雨機率」是 90%；你到手機上查詢股市中的某種股票，你得到的訊息可能是這種股票 3 個月之後翻倍的機率是 67%；你滿懷期望地買了 50 張樂透，朋友卻告訴你，傻瓜才去白花這些錢，因為你中獎的機率只有一億分之一；你手臂上長了一個「肉瘤」，醫生初步檢查後安慰你，這塊東西是惡性瘤的機率只有 0.03%，萬分之三而已……生活中「機率」這個詞太常見了，以至於人們不細想也大概知道是個什麼意思，比如說，最後一個例子中，0.03% 的惡性機率的意思不就是說，「10,000 個這樣的肉瘤中，只有 3 個才會是惡性的」嗎？因此，在經典意義上，機率就可以被粗糙地定義為事件發生的頻率，即發生次數與總次數的比值。更準確地說，是總次數趨於無限時，這個比值趨近的極限。

　　雖然「機率」的定義不難懂，好像人人都會用，但你可能不知道，機率計算的結果經常違背我們的直覺，機率論中有許多難以解釋、似是而非的悖論。不能完全相信直覺！我們的大腦會

產生誤區和盲點，就像開汽車的駕駛員視野中有「死角」，需要幾面鏡子來克服一樣，我們的思考過程中也有盲點，需要透過計算和思考來澄清。機率論是一個經常出現與直覺相悖的奇怪結論的領域，連數學家也是稍有不慎便會錯得一塌糊塗。現在，我們就首先舉例說明經典機率中的一個悖論，叫做「基本比率謬誤（base rate fallacy）」。

我們從一個生活中的例子開始。王宏去醫院做檢查，檢查他患上某種疾病的可能性。其結果居然為陽性，把他嚇了一大跳，趕忙在網上查詢。網上的資料說，檢查總是有誤差的，這種檢查有「1% 的假陽性率和 1% 的假陰性率」。這句話的意思是說，在得病的人中做檢查，有 1% 的人是假陰性，99% 的人是真陽性。而在未得病的人中做檢查，有 1% 的人是假陽性，99% 的人是真陰性。於是，王宏根據這種解釋，估計他自己得了這種疾病的可能性（即機率）為 99%。王宏想，既然只有 1% 的假陽性率，99% 都是真陽性，那我在人群中已被感染這種病的機率便應該是 99%。

可是，醫生卻告訴他，他在普通人群中被感染的機率只有 0.09（9%）左右。這是怎麼回事呢？王宏的思考誤區在哪裡？

醫生說：「99%？哪有那麼大的感染機率啊。99% 是測試的準確性，不是你得病的機率。你忘了一件事：被感染這種疾病的正常比例是不大的，1,000 個人中只有一個人患病。」

第 1 章　趣談機率

　　原來這位醫生在行醫之餘，也喜愛研究數學，經常將機率方法用於醫學上。他的計算方法基本上是這樣的：因為測試的誤報率是 1%，1,000 個人將有 10 個被報為「假陽性」，而根據這種病在人口中的比例（1/1,000 = 0.1%），真陽性只有 1 個，所以，大約 11 個測試為陽性的人中只有一個是真陽性（有病）的，因此，王宏被感染的機率大約是 1/11，即 0.09（9%）。

　　王宏思來想去仍感到困惑，但這件事激發了王宏去重溫他之前學過的機率論。經過反覆閱讀，再思考思索醫生的算法之後，他明白了自己犯了那種叫做「基本比率謬誤」的錯誤，即忘記使用「這種病在人口中的基本比例（1/1,000）」這個事實。

　　談到基本比率謬誤，我們最好是先從機率論中著名的貝氏定理說起。托馬斯‧貝葉斯（Thomas Bayes, 1701～1761）是英國統計學家，曾經是個牧師。貝氏定理是他對機率論和統計學做出的最大貢獻，是當今人工智慧中常用的機器學習的基礎框架，它的思想之深刻遠超一般人所能認知，也許貝葉斯自己生前對此也認識不足。因為如此重要的成果，他生前卻並未發表，是在他死後的 1763 年才由朋友發表的。

　　粗略地說，貝氏定理涉及兩個隨機變數 A 和 B 的相互影響，如果用一句話來概括，這個定理說的是：利用 B 帶來的新訊息，應如何修改 B 不存在時 A 的「事前機率」$P(A)$，從而得到 B 存在時的「條件機率」$P(A|B)$，或稱事後機率，如果寫成公式：

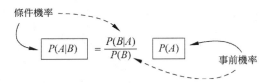

這裡事前、事後的定義是一種約定俗成，是相對的。比如說也可以將 A、B 反過來敘述，即如何從 B 的事前機率 $P(B)$，得到 B 的「條件機率」$P(B|A)$，見圖中虛線所指。

不要害怕公式，透過例子，我們就能慢慢理解它。例如，對前面王宏看病的例子，隨機變數 A 表示「王宏得某種病」；隨機變數 B 表示「王宏的檢查結果」。事前機率 $P(A)$ 指的是王宏在沒有檢查結果時得這種病的機率（即這種病在大眾中的基本機率 0.1%）；而條件機率（或事後機率）$P(A|B)$ 指的是王宏「檢查結果為陽性」的條件下得這種病的機率（9%）。如何從基本機率修正到事後機率的？我們待會再解釋。

貝氏定理是 18 世紀的產物，200 來年用得好好的，卻不想在 1970 年代遇到了挑戰，該挑戰來自於丹尼爾・康納曼（Daniel Kahneman, 1934 ～）和特沃斯基（Amos Tversky, 1937 ～ 1996）提出的「基本比率謬誤」。前者是以色列裔美國心理學家，2002 年諾貝爾經濟學獎得主。基本比率謬誤並不是否定貝氏定理，而是探討一個使人困惑的問題：為什麼人的直覺經常與貝氏公式的計算結果相違背？如同剛才的例子所示，人們在使用直覺的時候經常會忽略基礎機率。康納曼等人

第 1 章　趣談機率

在他們的著作《快思慢想》中舉了一個計程車的例子，來啟發人們思考這個影響人們「決策」的原因。我們不想在這裡深談基本比率謬誤對「決策理論」的意義，只是借用此例來加深對貝氏公式的理解。

假如某城市有兩種顏色的計程車：藍色和綠色（市場佔有比例為 15：85）。一輛計程車夜間肇事後逃逸，但還好當時有一位目擊證人，這位目擊者認定肇事的計程車是藍色的。但是，他「目擊的可信度」如何呢？警察在相同環境下對該目擊者進行「藍綠」測試得到：80% 的情況下識別正確，20% 的情況不正確。也許有讀者立刻就得出了結論：肇事車是藍色的機率應該是 80% 吧。如果你做此回答，便是犯了與上面例子中王宏同樣的錯誤，忽略了事前機率，沒有考慮在這個城市中「藍綠」車的基本比例。

那麼，肇事車是藍色的（條件）機率到底應該是多少呢？貝氏公式能給出正確的答案。首先我們必須考慮藍綠計程車的基本比例（15：85）。也就是說，在沒有目擊證人的情況下，肇事車是藍色的機率只有 15%，這是「$A =$ 藍車肇事」的事前機率 $P(A) = 15\%$。現在，有了一位目擊者，便改變了事件 A 出現的機率。目擊者看到車是「藍」色的。不過，他的目擊能力也要打折扣，只有 80% 的準確率，即也是一個隨機事件（記為 B）。我們的問題是求出在有該目擊證人「看到藍車」的條

件下肇事車「真正是藍色」的機率，即條件機率 $P(A|B)$。後者應該大於事前機率 15%，因為目擊者看到「藍車」。如何修正事前機率？需要計算 $P(B|A)$ 和 $P(B)$。

因為 A ＝藍車肇事、B ＝目擊藍色，所以 $P(B|A)$ 是在「藍車肇事」的條件下「目擊藍色」的機率，即 $P(B|A)$ ＝ 80%。最後還要算事前機率 $P(B)$，它的計算麻煩一點。$P(B)$ 指的是目擊證人看到一輛車為藍色的機率，等於兩種情況的機率相加：一種是車為藍，辨認也正確；另一種是車為綠，錯看成藍。所以：

$P(B)$=15%×80%+85%×20%=29%

從貝氏公式：

$$\boxed{P(A\,|\,B)} = \frac{P(B\,|\,A)}{P(B)}\,\boxed{P(A)} = \frac{80\%}{29\%} \times 15\% = 41\%$$

可以算出在有目擊證人情況下肇事車輛是藍色的機率為 41%，同時也可求得肇事車輛是綠車的機率為 59%。被修正後的「肇事車輛為藍色」的條件機率 41% 大於事前機率 15% 很多，但是仍然小於肇事車為綠色的機率 0.59。

回到對王宏測試某種病的例子，我們也不難得出正確的答案：

A：普通人群中的王宏感染某種病

B：陽性結果

$P(A)$：普通人群中感染某種病的機率

$P(B|A)$：陽性結果的正確率

$P(A|B)$：有了陽性結果的條件下，王宏感染某種病的機率

$P(B)$：結果為陽性的總可能性＝檢查陽性中的真陽性＋檢查陰性中的真陽性

$$\boxed{P(A|B)} = \frac{P(B|A)}{P(B)} \boxed{P(A)}$$

$$= \frac{99\%}{99\% \times (1/1000) + 1\% \times (999/1000)} \times (1/1000)$$

$$= \frac{99}{1098} = 9\%$$

透過以上介紹的機率論中的基本比率謬誤，我們初步了解了機率論中十分重要的貝氏定理及其簡單應用。

幾何概形和伯特蘭悖論

拋硬幣、擲骰子之類遊戲中涉及的機率是離散的，拋擲結果的數目有限（2 或 6）。或者用更數學一點的語言來說，此類隨機事件的結果所構成的「樣本空間」是離散的、有限的。如果硬幣或骰子是對稱的，每個結果發生的機率基本相等。這一類隨機事件被稱為古典概形。數學家們將古典概形推廣到某些幾何問題中，使得隨機變數的結果變成了連續的，數目成為無

限多,這種隨機事件被稱之為「幾何概形」。古典概形向幾何概形的推廣,類似於從有限多個整數向「實數域」的推廣。了解幾何概形很重要,因為與之相關的「測度」概念(長度、面積等),是現代機率論的基礎。

　　布豐投針問題,是第一個被研究的幾何概形。

　　18 世紀的法國,有一位著名的博物學家喬治·布豐伯爵(George Buffon, 1707 ～ 1788)。他研究不同地區相似環境中的各種生物族群,也研究過人和猿的相似之處,以及兩者來自同一個祖先的可能性。他的作品對現代生態學影響深遠,他的思想對達爾文創建演化論影響很大。

　　難得的是,布豐同時也是一位數學家,是最早將微積分引入機率論的人之一。他提出的布豐投針問題(圖 1-3-1)是這樣的:

　　用一根長度為 L 的針,隨機地投向相隔為 D 的平行線(L < D),針壓到線的機率是多少?

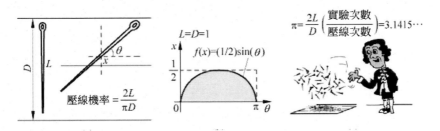

圖 1-3-1　布豐投針問題
(a) 數學模型;(b) 機率簡化為面積計算;(c) 實驗計算圓周率

第 1 章　趣談機率

　　……布豐投針問題中，求的也是機率，但這時投擲的不是硬幣或骰子，而是一根針。硬幣投下去只有「正反」兩種基本結果，每種機率為 1/2。骰子有 6 種結果，每一個面出現機率為 1/6。我們現在分析一下布豐投針的結果。按照圖 1-3-1（a）所示的數學模型，針投下之後的狀態可以用兩個隨機變數來描述，針的中點的位置 x，以及針與水平方向所成的角度 q。x 在 $-D$ /2 到 $D/2$ 之間變化，q 在 0 到 2π 間變化。因為 x 和 q 的變化是連續的，所以其結果有無限多。古典概形中的求和在幾何概形中要用積分代替，使用積分的方法不難求出布豐的針壓線的機率：

$$P = 2L/(D\pi) \qquad (1\text{-}3\text{-}1)$$

　　因為布豐投針中的機率是對於 x 和 q 的二重積分，所以機率的計算可以簡化為如圖 1-3-1（b）所示的幾何圖形的面積計算，即所求機率等於圖 1-3-1（b）中陰影面積與矩形面積之比。

　　布豐投針的結果提供了一個用機率實驗來確定圓周率 π 的方法（蒙地卡羅法）。從公式（1-3-1）可得：

$$\pi = 2L/(DP) \qquad (1\text{-}3\text{-}2)$$

　　當投擲針的次數（樣本數）足夠大，得到的機率 P 足夠精確時，便可以用公式（1-3-2）來計算 π。的確有些出乎意料，真沒想到用一根針丟來丟去也能丟出一個數學常數來！

　　從上面的介紹可知，幾何概形將古典概形中的離散隨機變數擴展到了連續隨機變數，求和變成積分，變數的樣本空間從離散和有限擴展到無窮。幾何概形和古典概形都使用「等機

率假設」。然而，只要涉及無窮大，便經常會產生一些怪異的
結果。布豐投針問題中條件清楚，沒有引起什麼悖論。著名的
幾何概形悖論是法國學者伯特蘭（Joseph Bertrand, 1822～
1900）於 1889 年提出的伯特蘭悖論。

　　伯特蘭提出的問題是：在圓內任作一弦，求其長度超過圓
內接正三角形邊長 L 的機率。奇怪之處在於，這個問題可以有 3
種不同的解答，結果完全不同但聽起來卻似乎都有道理。

　　求解伯特蘭問題中的機率，不需要真用微積分，只需要利
用幾何圖形的對稱性便能得到答案。與計算布豐投針問題中機
率的情況類似（圖 1-3-1（b）），一般來說，可以將幾何機率的
計算變換成幾何圖形的計算，即計算弧長或線段的長度，或者
是面積或體積。從下面計算伯特蘭問題的 3 種不同方法，讀者
可以更為深入地理解這點。

· 方法 1：首先假設弦的一端固定在圓上某一點（比如 A），
　如圖 1-3-2（a），弦的另一端在圓周上移動。移動端點落
　在弧 BC 上的弦，長度均超過圓內接正三角形的邊長 L，而
　其餘弦的長度都小於 L。由於對稱性，BC 弧長占整個圓周
　的 1/3，所以可得弦長大於 L 的機率為 BC 弧長與圓周長之
　比，即 $P = 1/3$。

· 方法 2：首先選擇圓的一個直徑，比如圖 1-3-2（b）中的
　AD。過該直徑上的任何點做直徑的垂線，與圓相交形成弦。

從圖 1-3-2（b）中可以看出：當直徑上動點的位置在 B 和 C 之間時，所得弦的弦長大於正三角形的邊長 L，動點位置在 BC 之外的弦的弦長小於 L。因為線段 BC 的長度是整個直徑的一半，所以由此可得弦長大於 L 的機率為 P = 1/2。

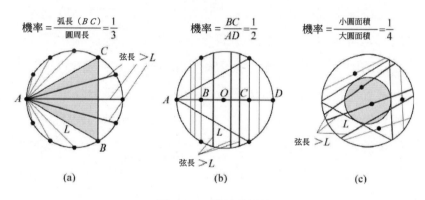

圖 1-3-2　伯特蘭悖論
（a）方法 1；（b）方法 2；（c）方法 3

　　方法 3：如圖 1-3-2（c）所示，作一個半徑只有所給圓的半徑的 1/2 的同心圓（稱為小圓），稱所給的圓為「大圓」。考慮大圓上任意弦的中點的位置可知：當中點位於小圓內部時，弦長符合大於 L 的要求。因為小圓的面積是大圓面積的 1/4。所以，機率也為 P = 1/4。

　　以上 3 種方法聽起來都很有道理，但得出 3 種不同的結果，這是怎麼回事呢？

　　按照傳統解釋，關鍵在於「隨機」選擇弦的方法。方法不

同，「等機率假設」的應用區間也不一樣。方法 1 假定端點在
圓周上均勻分布（即等機率）；方法 2 假定弦的中點在直徑上
均勻分布；方法 3 則假定弦的中點在圓內均勻分布。圖 1-3-3 給
出了 3 種解法中弦的中點在圓內的分布情形。圖 1-3-4 則是用 3
種方法直接畫出弦，以比較弦在圓內的分布情形。也可以說，
伯特蘭悖論不是悖論，只是問題中沒有明確規定隨機選擇的方
法，方法一旦定好了，問題自然也就有了確定的答案。

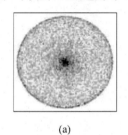 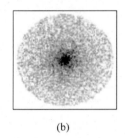 

(a)　　　　　　　　(b)　　　　　　　　(c)

圖 1-3-3　弦的「中點」在 3 種方法中的分布情況
（a）方法 1；（b）方法 2；（c）方法 3

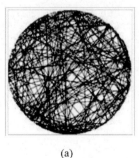 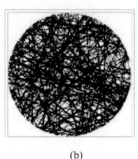 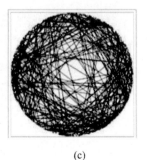

(a)　　　　　　　　(b)　　　　　　　　(c)

圖 1-3-4　「弦」在 3 種方法中的分布情況
（a）方法 1；（b）方法 2；（c）方法 3

第 1 章　趣談機率

　　機率論中的悖論很多，基於經驗的直覺判斷很多時候往往並不可靠。下一節將要介紹的班佛定律，也是一條初看起來有些奇怪、不合直覺的定律，不過這條定律用處很大，有時候甚至還能幫助偵破「財務造假」。

別相信直覺 ── 機率論幫助偵破「財務造假」

・ 班佛定律

　　法蘭克・班佛（Frank Benford, 1883 ～ 1948 ）本來是一個美國電氣工程師，也是一名物理學家，在美國奇異公司實驗室裡工作多年直到退休。這位工程師在 50 多歲的時候，迷上了一個與機率有關的課題。課題得到的結論便是現在我們所說的「班佛定律」。事實上，班佛定律的最早發現者並不是班佛，而是美國天文學家西蒙・紐康（Simon Newcomb, 1835 ～ 1909 ）。紐康於 1877 年成為美國航海天文歷編制局局長，並組織同行們重新計算主要的天文常數。繁雜的天文計算經常需要用到對數表，但那個時代沒有網際網路，沒有雲端運算，對數表只能被印成書本存於圖書館中。細心的紐康發現一個奇怪的現象：對數表中包含以 1 開頭的數的那幾頁比其他頁破爛得多，似乎表明計算所用的數值中，首位數是 1 的機率更高。因此他在 1881 年發表了一篇文章，提到並分析了這個現象，但沒有引起人們的注意。直到 57 年之後的 1938 年，班佛又重新發現這

個現象。說來令人奇怪，科學定律的發現有時候來自於一些小得不能再小的現象，班佛的發現便是如此：以 1 開頭的數字比較多，這也算是一個定律嗎？班佛發現這種現象不僅僅存在於對數表中。也存在於其他多種數據中。於是，班佛檢查了大量數據而證實了這點。

班佛定律是一個乍聽起來有點奇怪並違反直覺的現象，我們舉一個例子說明它。

設想某銀行有 1,000 多個存款帳戶，金額不等。比如說，小張有存款 23,587 元、老李 1,345 元、小何 35,670 元、劉紅 9,000 元、王軍 450 元⋯⋯奇怪的班佛定律不感興趣存款金額本身，而感興趣這些數值的開頭第一位有效數字是什麼，有效數字指的是這個數的第一個非零數字。例如 8.1、81、0.81 的第一位有效數字都是 8。比如說，剛才幾個人存款數的第一位數字分別是 2、1、3、9、4。所以，班佛定律也叫「首位數字定律」。

一個數的第一位（非零）數字可能是 1 到 9 之間的任何一個。現在，如果我問，在剛才那個銀行的上千個存款數據中，第一位數字是 1 的機率是多大？

不需要經過很多思考，大部分人都會很快地回答：應該是 1/9 吧。因為從 1 到 9，9 個數字排在第一位的機率是相等的，每一個數字出現的機率都是 1/9，在 11% 左右。

這個聽起來十分正常的思維方法，卻與許多自然得到的數據所遵循的規律不一樣。人們發現，很多情況下，第一個數字

是 1 的機率要比靠直覺預料的 11% 大得多。數字越大，出現在第一位的機率就越小，數字 9 出現於第一位的機率只有 4.6% 左右。各個數字出現在第一位的機率遵循如圖 1-4-1（a）所示的機率分布。

　　班佛和紐康都從數據中總結出首位數字為 n 的機率公式：$P(n) = \log_d (1 + 1/n)$，其中 d 取決於數據使用的進位制，對十進制數據而言，$d = 10$。因此，根據班佛定律，首位數是 1 的機率最大，$\log_{10} 2 = 0.301$，十成中占了三成；首位數是 2 的機率 $\log_{10} (3/2) = 0.1761$；然後逐次減小，首位數是 9 的機率最小，只有 4.6%。圖 1-4-1（b）所示的是符合班佛首位數法則的幾個例子：人口統計、基本物理常數、費波那契數、階乘。

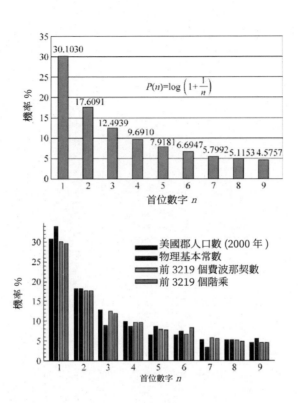

圖 1-4-1　班佛定律（首位數定律）及其應用實例

　　班佛收集並研究了 20,229 個統計數據，分成 20 組，包括如河流面積、人口統計、分子及原子質量、物理常數等多種來源的資料。數據來源雖然千差萬別，卻基本上符合班佛的對數法則，見表 1-4-1 所示的數據表。表中的最後一行數值，是根據班佛的對數規則計算得到的每個數字出現於首位的機率，讀者可以將它與真實數據相比較。

表 1-4-1　班佛從大量數據中得到的首位數字機率表　%

統計項目	1	2	3	4	5	6	7	8	9	樣本數
河流面積	31.0	16.4	10.7	11.3	7.2	8.6	5.5	4.2	5.1	335
人口	33.9	20.4	14.2	8.1	7.2	6.2	4.1	3.7	2.2	3259
常數	41.3	14.4	4.8	8.6	10.6	5.8	1.0	2.9	10.6	104
報紙	30.0	18.0	12.0	10.0	8.0	6.0	6.0	5.0	5.0	100
熱量	24.0	18.4	16.2	14.6	10.6	4.1	3.2	4.8	4.1	1389
壓強	29.6	18.3	12.8	9.8	8.3	6.4	5.7	4.4	4.7	703
損失	30.0	18.4	11.9	10.8	8.1	7.0	5.1	5.1	3.6	690
分子量	26.7	25.2	15.4	10.8	6.7	5.1	4.1	2.8	3.2	1800
下水道	27.1	23.9	13.8	12.6	8.2	5.0	5.0	2.5	1.9	159
原子量	47.2	18.7	5.5	4.4	6.6	4.4	3.3	4.4	5.5	91
$n-1,\sqrt{n}$	25.7	20.3	9.7	6.8	6.6	6.8	7.2	8.0	8.9	5000
設計	26.8	14.8	14.3	7.5	8.3	8.4	7.0	7.3	5.6	560
摘要	33.4	18.5	12.4	7.5	7.1	6.5	5.5	4.9	4.2	308
花費	32.4	18.8	10.1	10.1	9.8	5.5	4.7	5.5	3.1	741
X 射線	27.9	17.5	14.4	9.0	8.1	7.4	5.1	5.8	4.8	707
聯盟	32.7	17.6	12.6	9.8	7.4	6.4	4.9	5.6	3.0	1458
黑體	31.0	17.3	14.1	8.7	6.6	7.0	5.2	4.7	5.4	1165
地址	28.9	19.2	12.6	8.8	8.5	6.4	5.6	5.0	5.0	342
$n,n^{2},\cdots,n!$	25.3	16.0	12.0	10.0	8.5	8.8	6.8	7.1	5.5	900
死亡率	27.0	18.6	15.7	9.4	6.7	6.5	7.2	4.8	4.1	418
平均	30.6	18.5	12.4	9.4	8.0	6.4	5.1	4.9	4.7	1011
班佛定律	30.1	17.6	12.5	9.7	7.9	6.7	5.8	5.1	4.6	

　　班佛定律適用範圍異常廣泛，自然界和日常生活中獲得的大多數數據都符合這個定律。儘管如此，但畢竟還是有其應用範圍，主要是受限於如下幾個因素：

1. 這些數據必須跨度足夠大，樣本數量足夠多，數值大小相差幾個數量級。

2. 人為規則的數據不滿足班佛定律，比如說按照某種人為規則設計選定的電話號碼、身分證字號、發票編號，為造假而人工修改過的實驗數據等，都不符合班佛定律。樂透上的隨機數據也不符合班佛定律。

· 如何理解班佛定律

　　儘管班佛和紐康都總結出首位數字的對數規律，但並未給出證明。直到 1995 年美國學者泰德・希爾（Ted Hill, 1943 ～）才從理論上對該定律做出解釋，進行了嚴謹的數學證明。雖然班佛定律在許多方面都得到了驗證和應用，但對於這種數字奇異現象人們依舊是迷惑不解。到底應該如何直觀理解班佛定律？為什麼大多數數據的首位數字不是均勻分布，而是對數分布的？

　　有人探求數「數」的方法，來直觀地理解班佛定律。他們的意思是說，當你計算數字時，順序總是從 1 開始，1，2，3，…，9，如果到 9 就終結的話，所有數起首的機會都相同，但 9 之後的兩位數 10 至 19，以 1 起首的數則大大多於其他數字。之後，在 9 起首的數出現之前，必然會經過一堆以 2，3，4，…，8 起首的數。如果這樣的數法有個終結點，然後又重新從 1 開始的話，以 1 起首的數的出現率一般都應該比較大。

第 1 章　趣談機率

可以用這種理解方法來解釋街道號碼（地址）一類的數據。一般來說，每條街道的號碼都是從 1 算起，街道長度有限，號碼排到某一個數就終止了。另一條街又有它自己的從 1 開始的號碼排列，這樣的話，看起來 1 開頭的號碼是要多一些的。但這種解釋也太不「數學」了！況且，這種理解無法說明另一類數據為什麼也符合班佛定律。比如說，「物理常數」的集合、出生率、死亡率等，就不是從 1 開始計算到有限長度就截止的那種數據了。

另一種解釋是認為班佛定律的根源是由於數據的指數增長。指數增長的序列，數值小的時候增長較慢，由最初的數字 1 增長到另一個數字 2，需要更多時間，所以出現率就更高了。舉個例子來深入說明這個道理，考慮你有 100 美元存到銀行裡，年利是 10%。在 25 年中，你每年的存款金額將是（美元，只保留了整數部分）：

100、110、121、133、146、161、177、195、214、236、259、285、314、345、380、418、459、505、556、612、673、740、814、895、985

這是一個指數增長的序列。在這組數據的 25 個數中，首位數字為 1 的有 8 個（32%）；2 的 4 個；3 的 3 個；… 9 的只有 1 個（4%）。那是因為從首位為 1 增加到首位為 2，經過了更長的時間（8 年）；從首位為 2，只經過 4 年就變成了首位為 3；而首位為 9 的話，下一年就不是 9 了。所以，指數增長規律的數列的確符合班佛定律。

讀者也許會有疑問：你上面的數列選擇從 100 開始，1 打頭的比較多，如果從別的數字開始，規律是否會改變呢？你可以實驗一下，從別的數開始得到的數列，也一樣符合班佛法則。比如說，將以上銀行金額乘以 2 之後得到的序列：

　　200、220、242、266、292、322、354、390、428、472、518、570、628、690、760、836、918、1010、1112、1224、1346、1480、1628、1790、1970

　　以 1 開頭的有 8 個，9 開頭的只有 1 個，仍然是 1 起頭的數目最多。或者，你也可以將美元換算成新臺幣（比如說：乘以 3），得到的數據仍然會遵循班佛定律，這些事實說明班佛定律具有「尺度不變性」。

・幫助偵破「數據造假」

　　不管如何詮釋班佛定律，它是一個客觀存在，並且十分有用！由於大多數財務方面的數據，都滿足班佛定律，因此它可以用作檢查財務數據是否造假。

　　美國華盛頓州曾偵破過一個當時最大的投資詐騙案，金額高達 1 億美元。詐騙主謀凱文・勞倫斯（Kevin Lawrence）及其同夥，以創辦高科技的連鎖健身俱樂部為名，從五千多個投資者手中籌集大量資金。他們挪用公款來滿足自身享樂，為他們自己買豪宅、名車、珠寶等。為了掩飾他們的不法行為，他們將資金在海外公司和銀行間進行頻繁轉帳，並且人為做假

帳，讓投資者產生生意興隆的錯覺。所幸當時有一位會計師感覺不對勁，他將七萬多個與支票和匯款有關的數據收集起來，將這些數據首位數字發生的機率與班佛定律相比較，發現這些數據透過不了班佛定律的檢驗。最後經過了 3 年的司法調查，終於拆穿了這個投資騙局。2002 年，勞倫斯被判坐牢 20 年。

　　2001 年，美國最大的能源交易商安隆公司宣布破產，並傳出公司高層管理人員涉嫌做假帳的傳聞。據說安隆公司高層改動過財務數據，因而他們所公布的 2001 ～ 2002 年每股盈利數據不符合班佛定律（圖 1-4-2）。此外，班佛定律也被用於股票市場分析、檢驗選舉投票欺詐行為等。

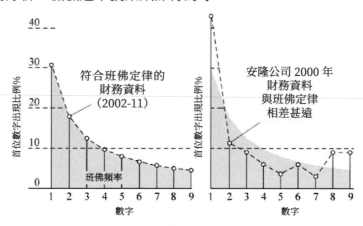

圖 1-4-2　安隆公司數據和班佛定律
（圖片來源：華爾街日報）

　　美國稅務局也利用班佛定律來檢驗報稅表，揪出逃稅、漏稅行為。據說有人曾經用此定律來檢驗美國前總統柯林頓在任

10 年內的報稅數據，不過沒有發現破綻。

　　機率論由研究賭博問題而誕生，又在不斷提出和解決各種有趣的賭博問題中發展起來。下一節中將介紹大數法則以及更多與賭博有關的機率問題。

賭徒謬誤：賭博與大數法則

　　先講一個賭場撈金的故事。

　　很多人都聽說過機率或統計中的蒙地卡羅方法（Monte Carlo method），說白了就是利用大量數據在統計的基礎上進行計算的方法。蒙地卡羅不是人名，是法國附近一個袖珍小國摩納哥的著名賭場的名字。自從蒙地卡羅賭場於 1865 年開張後，摩納哥從一個窮鄉僻壤的小國，一躍成為歐洲最富有的國家之一。至今已經 150 年過去了，這個國家仍然以賭場和相關的旅遊業為主。

　　當時有一個名叫約瑟夫·傑格（Joseph Jaggers, 1830～1892）的英國人，是約克郡一個棉花工廠的工程師。他在擺弄加工棉花的機器之餘，經常光顧蒙地卡羅賭場，他對那種 38 個數字的輪盤遊戲特別感興趣（圖 1-1-6）。傑格是位優秀的機械工程師，腦袋中的想法比一般賭徒要多一點。他想：這個輪盤機器在理想的情況下，每個數字出現的機率都是 1/38。但是，機器怎麼可能做到完美對稱呢？任何缺陷都可以改變獲獎號碼

的隨機性，導致轉盤停止的位置偏向某些數字，使這些數字更為頻繁地出現。因此，賭徒應該可以利用這種偏向性來賺錢！於是，在 1873 年，傑格下決心要改變自己的命運。他帶上所有的積蓄，前往蒙地卡羅賭場。他僱用了 6 個助手，每個助手把守一個輪盤機器。白天，賭場開放了，助手們用傑格供給他們的「賭幣」，讓輪盤不停地嘩啦嘩啦轉！不過，他們並不在乎輸贏，他們的任務是記下所把守的輪盤機停止時的每一個數字。到了晚上，賭場關門後，傑格便在旅館裡獨自分析這些數字的規律。6 天後，5 個輪盤的數據沒有發現有意義的偏離，但第 6 個輪盤為傑格帶來了驚喜：38 個數字中有 9 個數出現的機率顯然要比其餘的頻繁得多！傑格興奮不已，第 7 天他前往賭場，認定了那臺有偏向性的輪盤機，大量投注這九個頻率高的數字：7、8、9、17、18、19、22、28 和 29。這種方法使傑格當天就賺了 7 萬。不過，傑格沒高興幾天，事情便引起了管理人員的注意，經理們採取了各種方法來挫敗傑格的策略。最後傑格無法賺更多的錢，便離開了賭場，帶著已經到手的鉅款，投資房地產去了。

　　賭場中確有極少數人像傑格那樣偶然幸運地賺了一筆，但更多的賭徒是十賭九輸，一直到輸光為止。這其中的原因有兩個：一方面是因為所有賭場遊戲的機率設計本來就是以利於賭場為準，讓賭場一方贏的機率為 51% 或 52%，玩家贏的機率

為 49% 或 48%，如此設計的賭場才能包賺不賠。另一方面，利用賭徒的心態也是賭博遊戲設計者們的拿手好戲。賭徒謬誤便是一種常見的、不符合機率規則的賭徒錯誤心態，經常被賭場利用。

・ 賭徒謬誤

賭徒謬誤的來源是因為將前後互相獨立的隨機事件當成有關聯而產生的。怎麼樣算是獨立的隨機事件呢？比如說，拋硬幣一次，是一個隨機事件；再拋一次，是另一個隨機事件。兩個事件獨立的意思是說，第二次的結果並不依賴於第一次的結果，互相沒有關聯。假設硬幣是理想對稱的，將出現「正」記為 1，「反」記為 0，那麼每次結果為 1 和 0 的機率都是 1/2。第二次「拋」和第一次「拋」互相獨立，再多「拋」幾次也一樣，每次的「拋擲」事件互相獨立，出現 1 和 0 的機率總是「1/2、1/2」，都和第一次一樣。即使硬幣不對稱，比如正反面之機率可能是「2/3、1/3」，也並不會影響每次拋擲的「獨立性」，每次得到正面的機率都是 2/3，並不受上一次結果的影響。

道理容易懂，但有時仍會犯糊塗。比如說，當你用「公平」硬幣接連拋了 5 次 1，到了第 6 次，你可能會認為這次 1 出現的機率更小了（< 1/2），0 出現的機率更大了（> 1/2）。也有人是逆向思維，認為既然 5 次都是 1，也可能繼續是 1（也被稱為熱手謬誤）。實際上這兩種想法，都是掉進

第 1 章　趣談機率

了「賭徒謬誤」的泥坑。也就是說，將獨立事件想成了互相關聯事件。事實上，一般來說，每次擲硬幣的結果，並不影響下一次正反的機率。硬幣沒有記憶，不會因為前面 5 次被拋下時都是正面在上，就會加大（或減小）反面朝上的機率。也就是說，無論過去拋出的結果如何，每一次都是第一次，正反出現的機率都是 1/2。

　　還有一個笑話：某呆子上飛機時身上帶了個炸彈。問其原因，答曰：飛機上有 1 個炸彈的機率是萬分之一，同時有兩人帶炸彈的機率就是億分之一，我自己帶上一個，便將飛機上有炸彈的機率從萬分之一降低到了億分之一！想必你看到這裡，一定會抿嘴一笑。是啊，能不笑嗎？此呆子將「自己帶炸彈」與「別人帶炸彈」的獨立事件視為相關，呆子非賭徒，但這也算是一種賭徒謬誤。

　　當然，認為每次拋硬幣是互不關聯的獨立事件，也只是我們描述某些隨機事件所使用的數學模型而已，物理世界中的此類事件並不一定真正獨立。比如說到生男生女的問題，也許有某種與激素有關的原因使得前後兩胎的性別有所關聯，也不是沒有這種可能性。但是，如果有關聯，也要明白是如何關聯的；應該使用何種模型來描述這種關聯；那是另一種類型的研究課題，而賭徒謬誤指的則是將基本上沒有關聯的隨機事件認為有關聯來考慮問題而產生的謬誤。

　　賭徒有了「賭徒謬誤」的心態，會輸得更慘（圖 1-5-1）。

比如說，賭場中著名的輸後加倍下注系統（Martingale）便是利用賭徒謬誤的例子。賭徒第一次下注 1 元，如輸了則下注 2 元，再輸則下注 4 元，如此類推，直到贏出為止。賭徒以為在連續輸了多次之後，勝出的機率會非常大，所以願意加倍又加倍地下注，殊不知其實機率是不變的，賭場的遊戲機和平常拋擲的硬幣一樣，沒有記憶，不會因為你輸了就給你更多勝出的機會。賭徒因為不懂機率，或是因為人性的弱點，往往自覺或不自覺地陷入賭場設置的陷阱中。

圖 1-5-1　賭徒謬誤

　　賭徒謬誤不僅見於賭徒，也經常反映在一般人的思考方式中。人們在預測未來時，往往傾向於把過去的歷史作為判斷的依據，也就是說，根據某事件曾經發生的頻率來預言事件將要發生的可能性。俗話說「風水輪流轉」，這句話在很多時候反映了現實，但如果將這種習慣性的思維方法隨意地應用到前後互相獨立的隨機事件上，便成為賭徒謬誤。

第 1 章　趣談機率

即使明白地認識到「賭徒謬誤」的錯誤，許多人仍然會犯錯。就數學原因而言，有幾個容易混淆的概念，下面我們仍然用拋硬幣實驗來說明。

有人說：如果連續 4 次都是出現正面，接下來的第 5 次還是正面的話，就接連 5 次都是正面，根據機率論，連拋 5 次正面的機率是 $1/2^5 = 1/32$。所以，第 5 次正面的機會只有 $1/32$，而不是 $1/2$。

以上論證是混淆了「在硬幣第 1 次拋出之前，預測接連拋 5 次均為正的機率」和「拋了 4 次正面之後，第 5 次為正面的機率」，前者等於 $1/32$，後者卻是 $1/2$。

前者指的是：在硬幣第 1 次拋出之前，如果預測接連拋 5 次的各種可能性，共有 $2^5 = 32$ 種不同的排列情形，等效於從 00000 到 11111 的 32 個二進制數。每一種情形出現的機率均為 $1/32$。後者指的是：已經拋了 4 次均為正面，那麼，4 次的結果已經固定了（1111），沒有再選擇的機會。剩下的第 5 次，可能是 1 或 0，即總結果只有兩種：11111 或 11110，各占 $1/2$。

· 誤用大數法則

賭徒謬誤產生的另一個原因是對「大數法則」的誤解。

首先要說說大數法則是什麼。如果要用一句通俗的話來概括的話，大數法則就是說：當隨機事件發生的次數足夠多時，發生的頻率趨近於預期的機率。

對一枚對稱的硬幣而言，正面的預期機率是 1/2。當我們進行 n 次實驗後，得到正面出現的次數 $n_{正}$，比值 $p_{正} = n_{正}/n$，叫做正面出現的頻率，頻率不一定等於機率（1/2）。但是，當 n 逐漸增大時，頻率將會逐漸趨近 1/2。擲骰子的情形也類似，擲 100 次，數目為 1 的面也許出現了 20 次，即出現 1 的頻率是 1/5；如果擲了 10,000 次之後，1 出現了 1,900 次，那麼這時出現 1 的頻率是 1,900/10,000 ＝ 19%。如果這個骰子是六面對稱的，出現 1 的頻率會隨著投擲次數的增加而趨近於 1/6，即預期的機率。也就是說，頻率取決於多次實驗後的結果，而機率是一個極限值。實驗次數增大，頻率趨近機率，這就是大數法則。

賭場賺錢的祕訣也是在於大數法則。賭博機一般被設計為「51%：49%」的預期機率，賭場贏的機率至少 51%。因此，賭場永遠不會和你進行「一錘子買賣」的交易，他們只需要多多地、不停地招攬顧客，然後，隨著賭博機咕嚕咕嚕轉動，硬幣叮噹叮噹落下，賭徒們以為自己要賺大錢了，老闆們卻心中暗喜，靜等大數法則顯示威力，他們則坐收漁利。

提出並證明了大數法則最早形式的人是瑞士數學家雅各布·伯努利（Jakob Bernoulli, 1654 ～ 1705），他是機率論的重要奠基人。大數法則發表於他死後 8 年，即 1713 年才出版的《猜度術》中，這本巨著使機率論真正成為數學的一個分支，其中的大數法則和稍後的 A·棣美弗（A. de Moivre, 1667 ～ 1754）和 P·S·拉普拉斯（P. S. Laplace, 1749 ～ 1827）導

第1章　趣談機率

出的「中央極限定理」，是機率論中極其重要的兩個極限定理。

有一個墨菲定律：凡事有可能會出錯，就一定會出錯！就是說，如果暫時沒出錯，也只是時間問題。大數法則表達了類似的意思：當實驗次數足夠多時，事件發生的頻率終究會趨向於它的機率。次數 n 趨向於無窮，機率小的事件也會發生。換言之，一件事情，只要有發生的機率，那麼隨著重複次數變多，就幾乎一定會發生。

上面的說法也基本上是略知大數法則的賭徒們的說法，這種說法理論上沒錯。錯在對「多次重複」的理解。多少次實驗才算「足夠多」，才到達大數法則能夠適用的大樣本區間呢？此問題的答案：理論上是無窮大，實際中難以定論。大多數情形是：還沒到「足夠多」，該賭徒便已經財力耗盡、賭注輸光、兩手空空了！

有人喜歡買樂透，並且在每次填寫樂透時，要選擇以往中獎號碼中出現少的數字，還振振有詞地說這樣做的依據是大數法則，某個數字過去出現得少，以後就會多呀，為什麼呢？「要滿足大數法則啊！」可見對大數法則誤解之深。

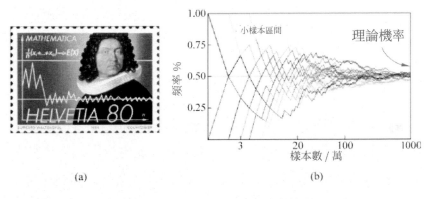

(a) (b)

圖 1-5-2　雅各布·伯努利和大數法則

　　某些賭徒思考的誤區，便是將大數法則應用於實驗的小樣本區間，將小樣本中某事件的機率分布看成是母體分布，以為少數樣本與大樣本區間具有同樣的期望值，把短期頻率當成長期機率，或把無限的情況當成有限的情況來分析。實際上，這是在錯誤應用大數法則時的心理偏差，因此被心理學家康納曼和特沃斯基戲稱為「小數法則」。事實上，任何一段有限次的實驗得到的頻率對於足夠多次實驗的頻率幾乎沒有什麼影響，大數法則說的是總頻率趨近於機率值，如圖 1-5-2（b）所示，小樣本區間實驗的結果並不影響最後趨近的機率。

　　發現大數法則的雅各布·伯努利所屬的伯努利家族，當年在歐洲赫赫有名，是世界頗負盛名的科學世家，出了好幾個有名的科學家，影響學界上百年。雅各布和他的弟弟約翰·伯努利（Johann Bernoulli, 1667 ~ 1748），都是那個時代著名的

數學家。此外，學物理的人都知道流體力學中有一個著名的伯努利定律，說的是有關不可壓縮流體沿著流線的移動行為，是由雅各布的姪子丹尼爾·伯努利（Daniel Bernoulli, 1700～1782）提出的。

　　有意思的是，伯努利家族的這幾個科學家相處得並不和諧。互相在科學成就上爭名奪利、糾紛不斷。尤為後人留下笑柄的是約翰·伯努利，他與比他大十幾歲的哥哥雅各布之間進行過激烈的兄弟之爭。事實上，雅各布還是約翰走進數學大門的啟蒙老師。約翰進入巴塞爾大學時，雅各布已經是數學教授，但兩人互相嫉妒、明爭暗鬥。不過，無論如何，伯努利兄弟的你爭我鬥實際上也推動了變分法、泛函分析、機率論等數學領域的發展。之後沒過幾年，哥哥雅各布就去世了。弟弟約翰卻似乎過不了沒有競爭對手的日子，他繼而又把對雅各布的嫉妒心轉移到了自己的天才兒子丹尼爾·伯努利的身上。據說他為了與兒子爭奪一個獎項把丹尼爾趕出了家門，後來還把丹尼爾的成果據為己有。

·　聖彼得堡悖論

　　伯努利家族中的另一位，丹尼爾的堂兄尼古拉一世·伯努利（Nikolaus I. Bernoulli, 1687～1759），也是一名熱衷研究賭博的數學家，他提出了著名的「聖彼得堡問題」。為了理解這個悖論，首先從賭博遊戲的期望值說起。

　　賭博的輸贏與期望值有關，期望值是以機率為權重的、隨

機變數的平均值。賭博的方式不一樣，「贏」的期望值也不一樣。在第 1 章第一個故事中，曾經以 38 個數字的輪盤為例，計算過顧客贏錢的期望值。這裡複習一下期望值的計算方法：仍然按照一般賭場的規矩，顧客將賭注押在其中一個數字上，如果押中，顧客得到 35 美元，否則損失 1 美元的賭注。顧客贏錢為正，損失為負，則顧客「贏錢」的期望值公式為：

E (顧客「贏」的期望值) ＝ － 輸錢數 × 輸錢機率 ＋ 贏錢數 ×

贏錢機率

第一項加上了一個負號，因為它表示的是顧客「輸」掉的錢數。由此計算出上述假設條件下「顧客贏」的期望值（元）：

$$E = (-1) \times \frac{37}{38} + 35 \times \frac{1}{38} = -0.5$$

顧客贏的總期望值是負數，對賭徒不利。但設想有個傻一點的賭場老闆，將上面規則中的 35 元改成 38 元的話，算出的期望值就會成為正數，這種策略就對顧客有利了。如果將 35 元改成 37 元呢？這時候算出來的期望值為 0，意味著長遠來說，賭徒和賭場打平了，雙方不輸不贏（不計開賭場的費用），稱之為「公平交易」。

因此，期望值往往被作為所謂的「理性賭徒」們決定「賭或不賭」的數學依據。

然而，根據這個數學依據做出的決策，有時候完全不符合人們從經驗和直覺所作的判斷。這是怎麼回事呢？尼古拉·伯努利便是以「聖彼得堡悖論」為例對此提出了質疑。

　　尼古拉設想了一種簡單的遊戲方案：顧客不需要每次下賭金，但得買一張價錢固定（m 元）的門票參加，遊戲規則如下：

　　顧客只是不停地擲一枚公平硬幣，擲出正面就停止，擲出反面就繼續擲，直到擲出正面為止，見圖 1-5-3（a）。如果遊戲停止了，顧客就能得到獎金，獎金的數目與擲的次數有關。遊戲持續得越久，獎金就越高。比如說，遊戲停止時顧客擲了 n 次，那麼顧客可得獎金數為 2^n 元。

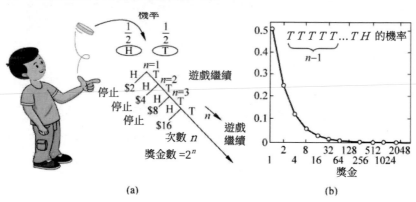

圖 1-5-3　聖彼得堡問題
（a）遊戲過程在得到正面時停止；（b）獎金數指數增加，機率指數減小

　　敘述得更具體一點：如果第一次擲出正面，遊戲停止，顧客只能得 2 元（2^1 元）；若擲出反面，就繼續擲。若第二次擲

出正面，顧客得 4 元（2^2 元），若擲出反面，又繼續擲⋯⋯依次類推，顧客若一直得到反面直到第 n 次才擲出正面，獎金數便是 2^n 元，獎金數隨 n 增大而指數增加。

現在，計算這個遊戲中顧客「贏錢」的期望值，即每次期望贏得的錢，乘以機率後相加。然後，再將 m 元的門票作為負數放進去，得到期望值是：

$$E = \frac{1}{2} \times 2 + \frac{1}{4} \times 4 + \frac{1}{8} \times 8 + \frac{1}{16} \times 16 + \cdots - m$$

$$= 1 + 1 + 1 + 1 + \cdots - m = \left(\sum_{k=1}^{\infty} 1 \right) - m = \infty$$

從以上計算可見，無論門票 m 是多少（有限數），得到的期望值都是無窮大！上面的結論顯得有些詭異，因為「期望值無窮大」意味著無論收多高的門票費，賭徒都會樂意參加這個遊戲！但是這與事實太不符合了。如果你作一個民意調查便會發現，大部分人可能不願意花多於 60 元去玩這個遊戲，因為風險太大，要能夠拋到 6 次以上，才能贏回門票錢，但人們憑經驗知道，接連拋 6 次硬幣的結果是（TTTTTH）的情況是非常少見的。

這就出現了矛盾。因此，尼古拉認為這是一個悖論。人們在做決策的時候，並不僅僅考慮數學期望的大小，更多的是在考慮風險。數學期望值不能完全描述風險。

第 1 章　趣談機率

　　為什麼叫「聖彼得堡悖論」呢？因為這個悖論被尼古拉提出，卻是被丹尼爾解決的，丹尼爾提出經濟學中的效用理論來解釋這個問題，論文發表在 1738 年聖彼得堡召開的一次學術會議上，所以得名為聖彼得堡悖論。

　　另一個與賭博有關的著名問題是「賭徒破產問題」，留待以後介紹。賭博雖然是一種惡習，但由它卻引發了不少有趣的數學問題，促進了機率論的發展。聖彼得堡悖論的解決建立了「效用理論」，推動了經濟學的發展。機率論中除了大數法則之外，還有一個極其重要的「中央極限定理」，有關中央極限定理及其應用，是我們下一節的內容。

隨處可見的鐘形曲線：中央極限定理

　　上一節中，透過賭徒謬誤介紹了機率論中的大數法則。大數法則說的是當隨機事件重複多次時頻率的穩定性，隨著實驗次數的增加，事件發生的頻率逐漸穩定於某個常數，即實驗得到的頻率將趨近於預期的「機率」。對拋硬幣實驗而言，如果硬幣是兩面理想對稱的，那麼，拋多次之後，正面（1）出現的頻率將逼近 0.5；如果硬幣不對稱，正面（1）出現的頻率也將逼近某一個極限值 p，即出現 1 的機率。

・機率分布函數

大數法則決定實驗多次後平均值的極限，但並未涉及事件頻率（或者機率）的分布問題。隨機變數取值機率形成的分布稱為機率分布。機率分布函數在機率論中有其嚴格的定義，這裡我們首先從通俗意義上理解一下「分布」。

比如說，統計 100 個 3 歲男孩的身高數據，結果如圖 1-6-1 (a) 左邊的表格所示。我們可以將男孩的身高看作一個隨機變數，這 100 個數據代表身高的 100 個樣本值。這些樣本值從 91cm 到 100cm 變化，表中沒有給出每個樣本的準確數值，只給出了每 1cm 範圍中的樣本數目（人數）。位於每一段身高範圍中的人數可以轉換成身高取值在該範圍的機率，分別對應於 1-6-1 (a) 右圖中的兩個垂直坐標軸。由此數據可計算身高的平均值大約為 95.5cm。顯而易見，平均值僅僅描述了這 100 個數據的部分特徵，並不能說明 100 個數據在每個值附近的分布情況。也就是說，分布描述的是每一個不同的數據段中的人數，在總人數中所占的比例，也就是機率。比如從 1-6-1 (a) 右圖可知：男孩身高在 95 ～ 96cm 的機率是 22%，93 ～ 94cm 的機率是 14%，99 ～ 100cm 的機率是 2%……

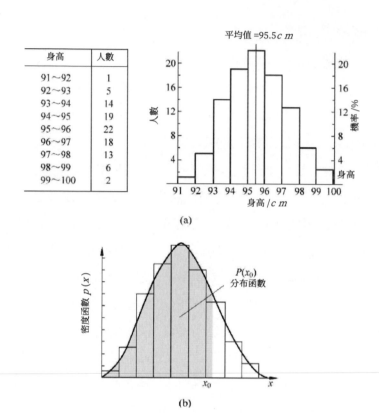

圖 1-6-1　機率分布函數和機率密度函數例子
（a）3 歲男孩身高的分布；（b）分布函數和密度函數

　　圖 1-6-1（a）右圖所示圖像的包絡線是機率分布的密度函數 $p(x)$。另一個相關概念是機率分布函數 $P(x_0)$，指的是 $x <$ x_0 範圍內事件發生的機率。機率分布函數和機率密度函數之區別見圖 1-6-1（b）。

· 二項分布

回到拋硬幣的例子，拋硬幣的機率可以用二項分布描述。比如說，我們將一枚均勻硬幣拋 4 次，正反（1、0）出現的可能性有 16 種（可用從 0000 到 1111 的 16 個二進制數表示），大數法則中涉及的機率 $p = 0.5$，指的是這 16 種情形的平均值。而所謂「分布函數」，則是描述這 16 種可能性在機率圖中分別所處的位置。從理論上說，這 16 種可能性中，1 出現 0、1、2、3、4 次的機率，分別是 1/16、4/16、6/16、4/16、1/16。圖 1-6-2（a）顯示的便是當實驗次數 $n = 4$ 時，1 的機率對不同「出現次數」的分布情形。

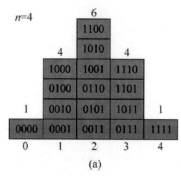

(a)

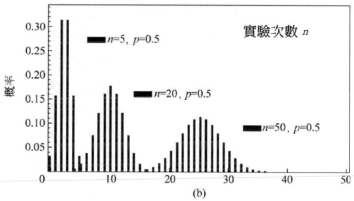

(b)

圖 1-6-2　多次拋硬幣得到正面的機率分布
（a）正面的次數；（b）二項分布

　　顯而易見，拋硬幣機率的分布圖形隨著拋擲次數 n 的變化而變化。拋硬幣實驗 n 次的機率分布就是二項分布。對對稱硬幣來說，二項分布是一個取值對應於二項式係數的離散函數，也就是帕斯卡三角形中的第 n 行。當實驗次數 n 增大，可能的排列數也隨之增多，比如當 $n = 4$ 時對應於（1、4、6、4、1）；

當 $n = 5$ 時，對應於帕斯卡三角形中的第 5 行（1、5、10、10、5、1）……然後再依次類推下去。圖 1-6-2（b）中，畫出了 $n = 5$、20、50 的機率分布圖。

圖 1-6-2 所示是「機率」分布圖，不是真實實驗所得的「頻率」分布圖。中央極限定理說的不僅僅是當實驗次數很大時「頻率」逼近「機率」的問題，而更為重要的是：當 n 足夠大時，二項分布逼近一個特別的理想分布：常態分布，也被稱為高斯分布。因其曲線呈鐘形，因此人們又經常稱之為鐘形曲線。

為了更為直觀地理解大數法則和中央極限定理，在圖 1-6-3 中，將拋硬幣所得的結果用數值表示（正面＝1，反面＝－1）。如此賦值以後，大數法則指的是：拋硬幣多次（n 趨近無限大）後，結果的平均值將趨近於 0，即正反面出現次數相等，其數值相加而互相抵消了。中央極限定理則除了考慮平均值（＝0）之外，還考慮結果的分布情形：如圖 1-6-3（b）所示，如果只拋 1 次，出現正面（1）和反面（－1）的機率相等，對應於公平硬幣的等機率分布，平均值為 0。當拋擲次數 n 增加，平均值的極限值仍然保持為 0，但點數和的分布情形變化了。n 趨近無窮時，分布趨於常態分布，這是中央極限定理的內容。

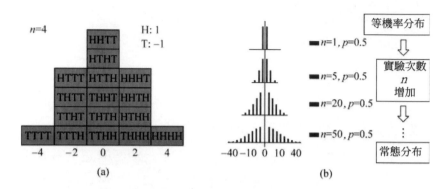

圖 1-6-3　大數法則和中央極限定理
（a）大數法則：平均值趨於 0；（b）中央極限定理：趨於常態分布

　　二項分布不一定是對稱的。圖 1-6-2 及圖 1-6-3 的圖形對稱，因為所示是均勻硬幣（$p = 0.5$）的機率分布，如果正面出現的機率 p 不等於 0.5，即不是理想的均勻硬幣的話，得到正反兩面的機率不同，機率分布圖便可能不對稱。圖 1-6-4 顯示的是 $p = 0.1$ 到 1 變化，$n = 20$ 的機率分布圖。

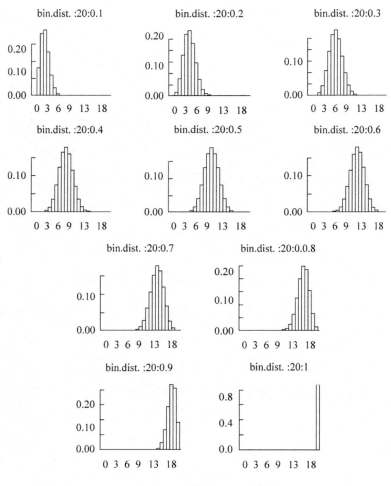

圖 1-6-4　不對稱二項分布

　　除了二項分布之外，還有許多其他類型的機率分布，如卜瓦松分布、指數分布、幾何分布等。此外，對連續型隨機變數，機率分布函數的概念用機率密度函數代替。

最常見的機率分布是常態分布。

常態分布最早是法國數學家棣美弗（Abraham de Moivre, 1667 ～ 1754）在 1718 年左右發現的。他為解決朋友提出的一個賭博問題，而去認真研究了二項分布。他發現當實驗次數增大時，二項分布（$p = 0.5$）趨近於一個看起來呈鐘形的曲線。從圖 1-6-2（b）中 $n = 50$ 的二項分布也看出這點。因為二項分布中需要用到階乘的計算，棣美弗由此而首先發現了（後被史特靈（James Stirling, 1692 ～ 1770）證明）史特靈公式，很方便用於 n 很大時階乘的近似計算。棣美弗進一步從理論上推導出了高斯分布的表達式。

大量的統計實驗結果告訴我們：鐘形曲線隨處可見。我們的世界似乎被代表常態分布的「鐘形」包圍著，很多事物都是服從常態分布的：人的高度、雪花的尺寸、測量誤差、燈泡的壽命、IQ 分數、麵包的份量、學生的考試分數等等。19 世紀的著名數學家龐加萊（Jules Henri Poincaré, 1854 ～ 1912）曾經說過：「每個人都相信正態法則，實驗家認為這是一個數學定理，數學家認為這是一個實驗事實。」大自然造物的美妙深奧、鬼斧神工，往往使人難以理解。鐘形分布曲線無處不在，這是為什麼呢？其奧祕來自於中央極限定理。

・中央極限定理

如上所述，棣美弗證明了 $p = 0.5$ 時二項分布的極限為高

斯分布。後來，著名法國數學家拉普拉斯對此作了更詳細的研究，並證明了 p 不等於 0.5 時二項分布的極限也是高斯分布。之後，人們將此稱為棣美弗——拉普拉斯中央極限定理。

再後來，中央極限定理的條件逐漸從二項分布推廣到獨立同分布隨機序列，以及不同分布的隨機序列。因此，中央極限定理不是一個定理，成為研究何種條件下獨立隨機變數之和的極限分布為常態分布的一系列命題的統稱。

不得不承認中央極限定理的奇妙。在一定條件下，各種隨意形狀機率分布生成的隨機變數，它們加在一起的總效應，是符合常態分布的。這點在統計學實驗中特別有用，因為實際上的隨機生物過程或物理過程，都不是只由一個單獨的原因產生的，它們受到各種各樣隨機因素的影響。然而，中央極限定理告訴我們：無論引起過程的各種效應的基本分布是什麼樣的，當實驗次數 n 充分大時，所有這些隨機分量之和近似是一個常態分布的隨機變數（圖 1-6-5）。

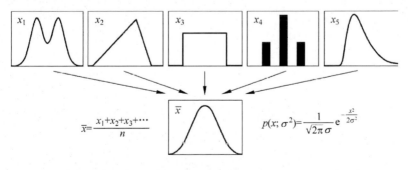

圖 1-6-5　中央極限定理

第 1 章　趣談機率

在實際問題中，常常需要考慮許多隨機因素所產生的總影響。例如，許多因素決定了人的身高：營養、遺傳、環境、族裔、性別等等，這些因素的綜合效果，使得人的身高基本滿足常態分布。另外，在物理實驗中，免不了有誤差，而誤差形成的原因五花八門。如果能夠分別清楚產生誤差的每種單一原因，誤差的分布曲線可能不是高斯的，但是所有誤差加在一起時，實驗者通常得到一個常態分布。

・ 高爾頓板實驗

法蘭西斯・高爾頓（Sir Francis Galton, 1822～1911）是英國著名的統計學家、心理學家和遺傳學家。他是達爾文的表弟，雖然不像達爾文那樣聲名顯赫，但也不是無名之輩。並且，高爾頓幼年是神童，長大是才子，九十年的人生豐富多彩，是個名副其實的博學家。他涉獵範圍廣泛，研究面向頗深，縱觀科學史，在同輩學者中能望其項背之人寥寥可數。他涉足的領域包括天文、地理、氣象、機械、物理、統計、生物、遺傳、醫學、生理、心理等，還有與社會有關的人類學、民族學、教育學、宗教，以及優生學、指紋學、照相術、登山術等等。

在達爾文發表《物種起源》後，高爾頓也將研究方向轉向生物及遺傳學，他第一個對同卵雙胞胎進行研究，論證了指紋的永久性和獨特性。他從遺傳的觀點研究人類智力並提出「優生

學」，是第一個強調把統計學方法應用到生物學中的人，他設計了一個釘板實驗，希望從統計的觀點來解釋遺傳現象。

如圖 1-6-6 中所示，木板上釘了數排（n 排）等距排列的釘子，下一排的每個釘子恰好在上一排兩個相鄰釘子之間；從入口處放入若干直徑略小於釘子間距的小球，小球在下落的過程中碰到任何釘子後，都將以 1/2 的機率滾向左邊，以 1/2 的機率滾向右邊，碰到下一排釘子時又是這樣。如此繼續下去，直到滾到底板的格子裡為止。實驗表明，只要小球足夠多，它們在底板堆成的形狀將近似於常態分布。因此，高爾頓板實驗直觀地驗證了中央極限定理。

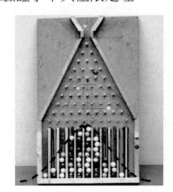
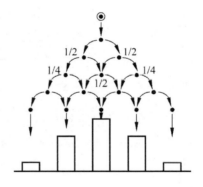

圖 1-6-6　高爾頓板實驗

・中央極限定理的意義

中央極限定理似乎解釋了處處是常態分布的原因，但仔細一想又不明白了：為什麼大自然這個「上帝」創造出來一個中

第 1 章　趣談機率

央極限定理呢？科學之所以如此有趣，正是在於這種連續不斷的「為什麼」激發出來的好奇心，一個又一個的追問和困惑吸引我們對世界萬物進行永無止境的探索！

物理學中有一個最小作用量原理，無疑是大自然最迷人、最美妙的原理之一。它的簡潔性和普遍性令人震撼，就像歌德的詩句中所描述的：「寫這靈符的是何等神人？使我內心的沸騰化為安寧，寸心充滿歡愉！它以玄妙的靈機，為我揭開自然的面巾！」大自然猶如一個經濟學家，總是使得物理系統的作用量取極值。機率和統計中的中央極限定理，往往也帶給人們類似的震撼和驚喜。事實上，中央極限定理也與一個極值「原理」有關，那是我們在本書的後面章節中將介紹的「熵最大原理」。常態分布是在所有已知均值及變異數的分布中，使得資訊熵有最大值的分布。換言之，常態分布是在均值以及方差已知的各種分布中，被大自然選擇出來的「特殊使者」，有其深奧的物理意義，充分表現出隨機中的必然。就像光線選擇時間最短的路徑傳播，重力場中的物體沿測地線運動一樣，隨機變數按照最優越的鐘形曲線分布！

就數學理論而言，常態分布的確有不少優越性：

1. 兩個常態分布的乘積仍然是常態分布。
2. 兩個常態分布的和是常態分布。
3. 常態分布的傅立葉變換仍然是常態分布。

我們還可以用與微積分中泰勒展開類比的方法，來理解大數法則和中央極限定理。微積分中，將一個連續可導函數 f(x) 在 a 的鄰域泰勒展開為冪級數，可以近似計算函數的值：

$$f(x) = \sum_{n=0}^{\infty} \frac{f(n)(a)}{n!}(x-a)^n = f(a) + f'(a)(x-a) + \cdots$$

　　這裡，0 階近似 f(a) 是 f(x) 在 a 處的值，1 階修正中的 f'(a) 是 f(x) 在 a 處的一階導數值……剩餘的是高階小量，一定的條件下可忽略不計。從上式可知，函數泰勒展開的 n 階係數是函數的 n 階導數除以 n 的階乘，即 f(^{n})(a)/n!。類似於此，我們可對隨機變數 X 作形式上的展開：

$$X = nE(X) + sqrt(n)std(X)N(0，1) + ...$$

　　其中隨機變數的期望值 E(X) 對應於 f(a)，標準方差的平方根 std(X) 對應於一階導數，常態分布 N(0，1) 對應於 (x − a)，後面是可以忽略的高階小量。此外，也可以用物理學中「矩」的概念來描述隨機變數的各階參數：期望值 μ 是一階矩，變異數 σ² 是二階矩。大數法則給出一階矩，表示隨機變數分布的中心；中央極限定理給出二階矩（方差），表示分布對中心（期望值）的離散程度。如果還考慮高階小量的話，三階矩對應「偏度」，描述分布偏離對稱的程度；四階矩對應峰度，描述隨機分布「峰態」的高低。常態分布的偏度和峰度皆為 0，因此，常態分布只需要兩個參數 μ 和 σ 就完全決定了分布的

性質，見圖 1-6-7（b）。圖 1-6-7（a）顯示的是，無論母體分布是何種形狀，根據中央極限定理，當抽樣數 n 足夠大時，其分布可用兩個簡單參數的常態分布近似。這點給實際計算帶來許多方便，再一次體現了中央極限定理的威力。

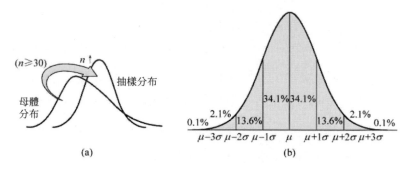

圖 1-6-7　常態分布
（a）母體分布和抽樣分布；（b）常態分布兩個參數 μ 和 σ

·中央極限定理的應用

中央極限定理從理論上證明了，在一定的條件下，對於大量獨立隨機變數來說，只要每個隨機變數在總和中所占比重很小，那麼不論其中各個隨機變數的分布函數是什麼形狀，也不論它們是已知還是未知，當獨立隨機變數的個數充分大時，它們的和的分布函數都可以用常態分布來近似。這就是為什麼實際中遇到的隨機變數，很多都服從常態分布的原因，這使得常態分布既成為統計理論的重要基礎，又是實際應用的強大工具。中央極限定理和常態分布在機率論、數理統計、誤差分析中佔有極其重要的地位。

常態分布的應用非常廣泛，下面便舉兩個簡單例子予以說明。

例1：小王到某保險公司應徵，經理給他出了一道考題：如果讓你設計一項人壽保險，假設客戶的數目有 1 萬左右，被保險人每年交 200 元保費，保險的賠償金額為 5 萬元，估計當地一年的死亡率（自然＋意外）為 0.25% 左右，那麼你會如何計算公司的獲利情況？

小王在經理面前緊張地估算了一下：從 1 萬個客戶得到的保費是 200 萬元，然後 1 萬人乘以死亡率，可能有 25 人死亡，賠償金額為 25×5 萬元，等於 125 萬元。所以，公司可能的收益應該是 200 萬元減去 125 萬元，等於 75 萬元左右。經理面露滿意的笑容，但又繼續問：75 萬元只是一個大概可能的數目。如果要你具體大略地估計一下，比如說公司一年內從這個項目得到的總收益為 50 萬〜 100 萬元的機率是多少，或者是需要估計公司虧本的機率，你怎麼算呢？

這下難倒了小王！這時，他腦袋裡突然冒出大學統計課上學過的「中央極限定理」。1 萬個客戶的數目應該足夠大了，所以這道題目應該可以用常態分布來計算。然而，常態分布需要知道平均值和變異數，又該如何計算它們呢？小王心想，這種人壽保險的規則是，受保人死亡公司給賠償，沒死就不賠償，是一個像拋硬幣一樣的「二項分布」問題，只不過這裡死亡的機率比較小，不像拋公平硬幣時正面（或反面）出現的機率各有 50%。

這個問題中保險公司賠償的機率只是 0.25%。但沒關係，照樣可以運用常態分布來近似，只要知道了期望和變異數，機率便不難計算。小王回想起來常態分布的簡單圖像以及幾個關鍵數值，於是，在紙上畫了畫，算了算（圖 1-6-8）：這個具體情況下，二項分布的平均值 $\mu = E(X) = np = 10,000 \times 0.25\% = 25$，二項分布的方差（$\sigma^2 = Var(X) = np(1-p) = 25$），由此可以得到 $\sigma = 5$。

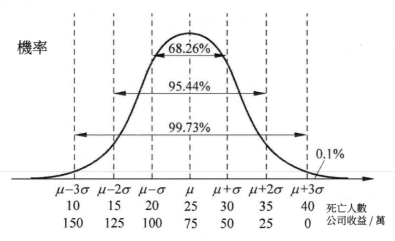

圖 1-6-8　常態分布用於估計人壽保險

　　然後，要計算公司賺 50 萬～ 100 萬元的機率，從圖 1-6-8 可知，也就是死亡人數在 20 ～ 30 之間的機率，剛好就是從 $\mu - \sigma$ 到 $\mu + \sigma$ 之間的面積，在 68.2% 左右。至於公司何種情況下會虧本呢？直觀而言，如果死亡的人數多於 40，公司便虧本了，機率到底是多少呢？同樣可用常態分布圖進行估計，40 和

25 之間相差 15，等於 3σ，因而得到機率大約等於 0.1%，所以，保險公司虧本的機率幾乎為零。

　　例 2：圖 1-6-9（a）是美國 2010 年 1,547,990 個 SAT 考試成績的原始數據，其中有 1,313,812 個分數在 1,850 之下，有 74,165 個成績是在 2,050 分以上。由此我們從原始數據可以算出：分數在 1,850 分之下的比例是 84.9%，分數在 2,050 之上的比例是 4.79%。

　　另一方面，原始的結果可以用一個平均分數 μ = 1509，標準方差的平方根 σ = 312 的正態曲線來近似。因此，我們也可以從常態分布曲線來計算分數低於 1,850 分及高於 2,050 分的百分比，它們分別對應於圖 1-6-9（b）和（c）中陰影部分的面積。根據高斯積分求出兩個圖中的面積分別為 0.8621 和 0.0418。對照從原始數據的計算結果 0.849 和 0.0479，相差非常小。

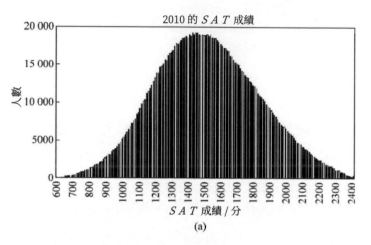

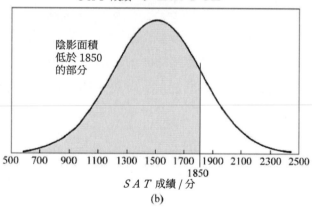

圖 1-6-9　SAT 成績

（a）SAT 成績原始數據；（b）求分數低於 1,850 分的比例；（c）求分數高於 2,050 分的比例

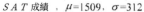

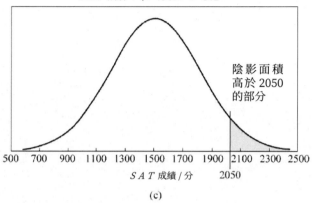

(c)

圖 1-6-9（續）

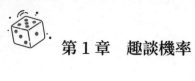

第 1 章　趣談機率

第 2 章
趣談貝氏學派

　　在前面曾經介紹過的托馬斯·貝葉斯，是兩三百年前英國的一位古人，卻在當代科技界「紅」了起來，原因在於以他命名的著名的貝氏定理。這個定理不僅促成了貝氏學派的發展，現在又被廣泛應用於與人工智慧密切相關的機器學習中。貝氏學派與經典機率學派的哲學思想大不相同，我們首先從一個有趣的古典機率問題談起……

第 2 章　趣談貝氏學派

三門問題

第 1 章中介紹了一個與幾何概形有關的伯特蘭悖論，伯特蘭於 1889 年還提出了另一個伯特蘭箱子悖論，實際上不算是「悖論」，因為它沒有邏輯矛盾。但它是一個與博弈論相關的有趣的數學遊戲：三門問題。

這個問題有好幾個等效版本，最早一版的日期可追溯到 19 世紀的伯特蘭，該問題在數學本質上也等同於馬丁·加德納（Martin Gardner, 1914 ～ 2010）在 1959 年提出的「三囚犯問題」。不過這些老版本長時間都默默無聞，只是在 100 多年之後的 1990 年左右熱門了一陣子。它在大眾中引起熱烈的討論，其原因要歸功於美國一個從 1980 年代一直延續至今的著名電視遊戲節目《Let's Make a Deal》。由此例也足以可見現代媒體在大眾中普及科學知識的威力。當年的節目主持人蒙蒂·霍爾（Monty Hall, 1921 ～ 2017）善於與參賽者打心理戰，經常突如其來地變換遊戲規則，給參賽人和觀眾都來個猝不及防，既使得觀眾們困惑不已，又迫使參賽者「腦筋急轉彎」（圖 2-1-1），三門問題及各種變通版本便是他經常使用的法寶。後來有人便將此遊戲以主持人的名字命名，稱之為蒙蒂·霍爾問題。

參賽者：「我選 3 號門……」　　　　　主持人：「要交換嗎？」

圖 2-1-1　三門問題

在三扇關閉了的門後面，分別藏著汽車和兩只山羊。如果參賽者選中了後面有汽車的那扇門，便能贏得該汽車作為獎品。顯而易見，這種情況下，參賽者贏得汽車的機率是 1/3。

不過，主持人有一次稍微將遊戲規則改變了一點點。當參賽者選擇了一扇門但尚未打開之際，知道門後情形的主持人說：「等等，我現在給你第二次機會。首先，我將打開你沒有選擇的兩扇門中有山羊的一扇，你可以看到門內的山羊。然後，你有兩種可能性：改變你原來的選擇（交換），或者保留原來的選擇（不交換）。」

主持人的意思是說，在參賽者選擇之後，他打開一扇有山羊的門，留下一扇未開之門，讓參賽者決定要不要將原來的選擇與剩下的未開之門「交換」？

要不要交換呢？我們不從「碰運氣」而是從「機率」的角度來思考這個問題。問題是：

如果不交換，保持原狀的話，得汽車的機率是 1/3。如果交換的話，是否能增加抽到汽車的機率呢？實際上，學界及大眾對此問題爭論頗久，我們僅敘述主流觀點。

答案是「會」。轉換選擇（交換）可以增加參賽者的機會，如果參賽者同意「換門」，他贏得汽車的機率從 1/3 增加到 2/3。

讓我們來分析一下整個遊戲過程中，參賽者做出的不同選擇會產生的各種具體情況，以及在這些情況下選擇「交換」後的結果。

參賽者指定 3 道門中的一道，有三種可能的情況，每種選擇的機率相等（1/3），見圖 2-1-2 中的（a）、（b）、（c）。

（a）參賽者挑選有汽車的第 1 道門，主持挑兩頭羊的任何一頭，開門。交換將失敗。

（b）參賽者挑選有羊的第 2 道門，主持人打開第 3 道門。交換將贏得汽車。

（c）參賽者挑選有羊的第 3 道門，主持人打開第 2 道門。交換將贏得汽車。

在後兩種情況，參賽者均可透過轉換選擇而贏得汽車，只有第一種情況將使得參賽者因轉換選擇而倒楣。參賽者的轉換選擇，使得三種情況中的兩種贏、一種輸，所以選擇「交換」，將贏的機率增加到 2/3。

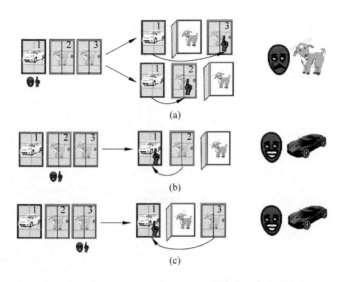

圖 2-1-2　參賽者「同意轉換」得到汽車的機率變成 2/3

　　也可以換一種思考方式來理解這個問題。因為在 3 道門中，有 2 道門後是羊，1 道門後是汽車，所以參賽者最初選到汽車的機率是 1/3，選到羊的機率是 2/3。如果參賽者先選中汽車，換後一定輸；如果先選中羊，換後一定贏。因此，選擇「交換」而贏的機率，就是開始選擇羊的機率，為 2/3。

　　也許以上解釋仍然有些使人困惑之處，但如果將門的數目增加到 10 道門（主持人開啟 8 道有「羊」的門，留下 1 扇）、100 道門（主持人開啟 98 道有「羊」的門，留下 1 扇），甚至 1,000 道門（主持人開啟 998 道有「羊」的門，留下 1 扇）。這些情況下，主流觀點認為參賽者選擇「交換」使機率增加的結論便顯而易見了。

例如，圖 2-1-3 顯示的是 10 道門的情形。

參賽者：「我選 3 號門」，主持人：「要換 2 號嗎？」，參賽者：「當然囉！」

圖 2-1-3　十門問題

　　如果門的數目增加到 10，其中 9 道門中是羊，1 道門中是汽車。參賽者開始選中 3 號門，但 3 號門是汽車的機率只有 1/10。然後，主持人開啟了 8 道有羊的門，剩下 2 號門以及參賽者選中的 3 號，並問參賽者是否要「交換」？

　　這次參賽者的腦袋比較清醒：3 號門是汽車的可能性是 1/10，似乎剩下的 9/10 的可能性都在 2 號門上，交換使得機率增大 9 倍，當然要換！

三門問題引發的思考：機率究竟是什麼？

　　上面所述的「三門問題」雖然只是一個有趣的遊戲節目，但學者們卻從中探索了不少深刻的數學和哲學問題。機率論就是一門如此有趣的學問，許多問題看起來簡單，每個人似乎都認為自己懂了，都能得到自己的解答，但後來卻發現答案互不相同，各派人士紛紛發表自己的觀點，卻往往難以說服對方，引起一場又一場的辯論。

事實上，三門問題貌似簡單，實際複雜。在上一節的最後，根據主流派的分析得到「當然要換」的結論，實際上有些不公平。早在 1975 年，加州大學柏克萊分校的生物統計學教授史蒂夫・塞爾文（Steve Selvin, 1941 ～）在《美國統計學家》（*American Statistician*）期刊上的論文中提出了這個蒙蒂・霍爾問題，幾十年來，對這個機率問題的結論，不同觀點很多，而且爭論不休。據說爭論一直延續到現在，已經有好幾十篇論文發表在 40 多種學術和大眾刊物上，並時有在論文、書刊和電視上引發討論。

　　其中最為引人注目的是 1990 年在「*Ask Marilyn*」（「瑪麗蓮答問」）專欄上的討論，其專欄主持人瑪麗蓮・沃斯・莎凡特（Marilyn vos Savant, 1946 ～）曾經被金氏世界紀錄認定為擁有最高智商的女性，因為瑪麗蓮在剛滿 10 歲時初次接受史丹佛-比奈智力測驗（Stanford-Binet Intelligence Scale），測得智商高達 228。1985 年，35 歲的瑪麗蓮參加了成人標準差智力測驗，48 題中，她回答正確 46 題，標準偏差值為 16，智商為 186。

　　瑪麗蓮從事文學創作，之後又開闢了「Ask Marilyn」專欄，專門回覆讀者從數學到人生之各式各樣的問題，蒙蒂・霍爾問題便是其中引起廣泛爭論，但是最後瑪麗蓮大獲全勝的一個典型案例。

第2章　趣談貝氏學派

瑪麗蓮在專欄中解釋了三門問題的一些含糊之處，過濾掉許多變種的版本，將其規範化為標準陳述，並以通俗易懂的方式證明了她堅持的結果：交換使贏得汽車的機率增加到 2/3！這也就是我們在前面一節中的敘述方式和答案。

對此問題，主要反對一方的觀點和結論如下：

不管有多少個門，不管主持人如何選擇和打開這些門，按照標準的遊戲規則，到最後一步，參賽者面臨的都是兩道門中二選一的問題，兩道門中一道後面是汽車，一道後面是山羊。選擇任何一個的機率都是 1/2，所以交換不交換，得到汽車的機率均為 1/2，所以換不換無所謂。

以上反駁方的觀點聽起來貌似有理，也符合成千上萬人的直覺。因此，當年的瑪麗蓮碰上了大事，成千上萬封讀者來信中，90% 以上都是反駁她的觀點，其中不乏博士、數學家和學者，也包括該遊戲的節目主持人蒙蒂·霍爾。有些來自數學和科學界的信中，不但反對她的答案，還嘲笑她的觀點是出於女人的直覺，勸她修了機率課後再來談這個問題。反駁者中最著名的人物恐怕要算匈牙利籍數學家保羅·艾迪胥（Paul Erdös, 1913 ～ 1996），這是一位到現在為止論文量最多的數學家，發表論文數高達 1525 篇。

不過，高智商才女不是那麼容易認輸的。她藉著這股討論的熱潮，在全國範圍內的學校數學課裡組織了一個統計實驗。受到她的啟發，又有幾百個人以不同的方法，對三門問題用電

腦做模擬實驗，這些實驗結果都支持了她的結論：交換對參賽者更為有利！理論畢竟需要實驗的支持，在不得不令人信服的數據面前，當初堅決反對瑪麗蓮的保羅・艾迪胥也被說服了，瑪麗蓮獲勝，一時間聲名大振。

實際上，將這個問題換成如下說法，答案也許更容易被人接受（以十門為例）。

巴布拿出 10 個盒子，其中一個有鑽戒。巴布知道有鑽戒的是哪一個，愛麗絲不知道。考慮如下兩種情況：

1. 愛麗絲選了一個盒子放進她的包，巴布將剩下的 9 個盒子放進自己包，然後問愛麗絲是否願意互換包。
2. 巴布將 9 個盒子中沒有鑽戒的 8 個盒子丟進了垃圾箱，剩下 1 個留在包裡，問愛麗絲是否願意換包。

兩種情形實際上是完全等效的，但給人的直覺卻大不一樣。第一種情況下，愛麗絲的包裡只有 1 個盒子，巴布的包裡有 9 個盒子，9 對 1，顯然巴布的包裡有鑽戒的機率更大。第二種情況，兩個包的盒子數成為 1 對 1，使人直覺地認為機率都是 1/2，換不換都一樣了。

這個問題再次告訴我們，不要輕易相信直覺，特別是對於機率問題而言。

對於大眾而言，瑪麗蓮似乎解決了「三門問題」，她的結論被視為一種「標準答案」。但是，數學家們並未在此問題上

第 2 章　趣談貝氏學派

止步，1990 年代之後又有多篇學術論文研究這個問題。其中一個典型例子是 1991 年摩根等 4 位美國數學和統計學的教授在《美國統計學家》（*American Statistician*）上發表的論文。他們用下面一節將介紹的貝氏推論來考察這個例子，說明了即使是對瑪麗蓮的標準問題，反對者的答案也都有道理，到底是哪一個答案對，還取決於主持人選擇時的想法！一直到 2011 年，還有論文在討論這個問題。

　　在此我們並不詳細介紹在瑪麗蓮之後的各個論文的觀點及結論，也避免簡單地判定誰對誰錯，僅在下面幾節談談該遊戲引發的重要思考之一：機率究竟是什麼？

頻率學派和貝氏學派

　　從歷史的角度看，機率起源於拋硬幣、擲骰子之類的賭博遊戲，因此，機率最早便被定義為多次實驗中某隨機事件出現的頻率的極限，這也就是為什麼我們在本書的前面經常提到「頻率」這個詞。這個詞彙在機率論中使用時，與在物理中使用時的更廣泛的含義有所不同，大多數情況下僅僅特指這種與古典機率定義相關的「頻率」。

　　將機率定義為事件多次重複後發生的頻率的極限，這是古典機率觀，是後來被稱之為「頻率學派」的觀點。然而，如此定義機率，只能代表我們使用這個名詞的情況之一。有很多時候，

機率無法用多次實驗得到。比如說，人們可以估計某一天臺北下雨的機率，但這是無法進行實驗的；又比如加利福尼亞州某年某月某日地震的機率，也無法用多次重複來驗證。又比如說，某個國家研製的導彈，如果談到命中 1,000 公里之外的目標的機率，在原則上是可以用重複實驗來估計和證明的，但事實上不會這樣做，因為花費太昂貴了。

從上面所舉的幾個實例可見，很多時候，機率一詞所描述的並不是「對隨機事件重複的頻率」，而更像是對某種「不確定性」的度量。

一個事件的機率值通常以一個 0 到 1 之間的實數表示，是對隨機事件發生可能性的度量。不可能發生事件的機率值為 0，確定發生事件的機率值為 1。大多數實際事件的機率值都是 0 與 1 之間的某個數，這個數代表事件在「不可能」與「確定」之間的相對位置。事件的機率值越接近 1，事件發生的機會就越高。

由於對機率定義的差異及哲學上的分歧，另一種機率統計的派別逐漸興起，即站在頻率學派對立面的貝氏學派。兩派之間的爭論一直貫穿於機率及統計的發展歷史中。

當年，貝葉斯研究過一個「白球黑球」的機率問題。機率問題可以正向計算，也能反推回去。例如盒子裡有 10 個球，分別為黑白兩種顏色。如果我們知道 10 個球中有 5 個白球和 5 個黑球，那麼，如果從中隨機取出一個球，這個球是黑球的機率

為多大？問題不難回答，當然是 50%！如果 10 個球是 6 個白球 4 個黑球呢？取出 1 個球為黑球的機率應該是 40%。再考慮複雜一點的情形：如果 10 個球中 2 個白球 8 個黑球，現在隨機取 2 個球，得到 1 個黑球 1 個白球的機率是多少呢？ 10 個球取出 2 個的可能性總數為 10×9 ＝ 90 種，1 個黑球 1 個白球的情況有 16 種，所求機率為 16/90，約等於 17.5%。因此，只需進行一些簡單的排列組合運算，我們可以在 10 個球的各種分布情形下，計算取出 n 個球，其中 m 個是黑球的機率。這些都是正向計算的例子。

不過，當年的貝葉斯更感興趣的是反過來的「逆機率問題」：假設我們預先並不知道盒子裡黑球白球數目的比例，只知道總共是 10 個球，那麼，如果隨機地拿出 3 個球，發現是 2 個黑球 1 個白球。逆機率問題則是要從這個實驗樣本（2 個黑球 1 個白球），猜測盒子裡白球黑球的比例。

也可以從最簡單的拋硬幣實驗來說明「逆機率」問題。假設我們不知道硬幣是不是兩面公平的，也就是說，不了解這枚硬幣的物理偏向性，這時候得到正面的機率 p 不一定等於 50%。那麼，逆機率問題便是試圖從某個（或數個）實驗樣本來猜測 p 的數值。

為了解決逆機率問題，貝葉斯在他的論文中提供了一種方法，即貝氏定理：

事後機率＝觀測數據決定的調整因子 × 事前機率

上述公式的意義，指的是首先對未知機率有一個先驗猜測，然後結合觀測數據，修正先驗，得到更為合理的事後機率。「先驗」和「後驗」是相對而言的，前一次算出的事後機率，可作為後一次的事前機率，然後再與新的觀察數據相結合，得到新的事後機率。因此，運用貝氏公式有可能對某種未知的不確定性逐次修正機率，並得到最終結果，即解決逆機率問題。

有關貝氏定理的論文，直到貝葉斯去世後的 1763 年，才由朋友代為發表。後來，拉普拉斯證明了貝氏定理的更普遍的版本，並將之用於天體力學和醫學統計中。

也許貝葉斯當初對他自己這個定理的意義認識不足，恐怕也沒有料到由此而啟發人們以一種全新的思考方式來看待機率和統計，並進而發展成所謂「貝氏學派」。

前面介紹過的大數法則和中央極限定理，都是基於多次實驗結果的經典機率觀點，屬於頻率學派。由於歷史的原因，機率及統計的教科書，也基本上是以頻率學派觀點為主流觀點而寫成的。

頻率學派和貝氏學派兩大極端派別的爭論焦點涉及「什麼是機率？機率從何而來？」等本質問題。在歷史上，貝氏統計長期受到排斥，受到當時主流的數學家們的拒絕。然而，隨著

第 2 章　趣談貝氏學派

科學的進步，貝氏統計在實際應用上取得的成功慢慢改變了人們的觀點。貝氏統計慢慢地受到人們的重視，人們認為它的思路更為符合科學研究的過程以及人腦的思維模式。目前貝氏機率已經成為一個熱門研究課題。在機器學習以及量子力學的詮釋等領域都有應用。

簡單總結頻率學派與貝氏學派的差異，可歸結為對如下幾個問題的答案：

1. 什麼是機率？機率如何定義？
2. 何謂主觀機率、客觀機率？機率是主觀的，還是客觀的？
3. 如何看待和使用模型參數？使用條件機率，還是邊際機率？
4. 不確定性範圍的意義是什麼？使用信賴區間，還是可信範圍？

上述問題中，前兩個涉及的多是兩派觀點的哲學層面，後面兩個有關計算方法。因為看待世界的觀點不一樣，試圖用以描述世界的計算方法也有所不同。在以下幾節中，我們將透過一些具體例子，來說明兩個學派的異同點。

機率到底從何而來？機率的物理本質是什麼？這個問題的答案，實際上是取決於產生機率的物理系統的本質。

這裡首先借助「十門問題」對機率本質進行粗淺的思考。問題中的物理系統包含 10 道門，其中 1 道門後有汽車，9 道門後是羊。在此系統中，「有汽車」這個事件的機率 P（有車），有其客觀的物理意義：對那道有車之門，其機率為 1，P（有車）

＝1，其餘9道門的 P（有車）＝0。但這個客觀事實只有主持
人知道，參賽者是不知道的，參賽者只能猜測這個機率。交換
後的機率是多少？上一節中介紹了兩種答案：瑪麗蓮為代表的
主流觀點認為交換後的機率是 9/10，而大多數人的直覺答案認
為交換後的機率仍然是 1/2。事實上，這兩種觀點所謂的機率，
9/10 或 1/2，都只是他們的主觀猜想，沒有任何物理本體與這兩
個數值相對應。兩種觀點不過是反映了兩種不同的主觀猜測和
推論方法。

　　兩種方法都使用機率均分的假設。因此，他們第一次判定
的結論是相同的：在 10 道門中，每道門有車的機率：P（有車）
均為 1/10。如此判定之後，兩種推論方法產生了分歧：

1.　瑪麗蓮為代表的主流。認為參賽者選中那道門的機率不再
　　改變，永遠為 1/10，其餘的為 9/10，在其他剩餘門中均
　　分。因此，後來，每當主持人打開 1 道有羊的門，其餘門
　　的機率發生變化但第一次選定門的機率不變。最後得到結
　　論，如果交換的話，機率從 1/10 增加到 9/10 ！

2.　反對主流的觀點。認為選中那道門的機率與其選中其他門
　　的機率同樣變化。因此，最後總是 2 選 1，機率為 1/2，即
　　換不換無所謂，最後機率都是 1/2 ！

　　這兩種推理過程中所說的「機率」（1/10、9/10、5/10
等），都是推理之人的主觀機率，與物理客觀事實：汽車所在的

第 2 章　趣談貝氏學派

真實地點，沒有什麼關係。不過，儘管兩種推理方法都是主觀的，但數學家們的分析以及瑪麗蓮的實驗結果說明，用第一種（主流）的推論方法來猜測和逼近「客觀機率」更有優勢。

蒙蒂．霍爾問題上的兩種觀點，並不等同於「頻率學派與貝氏學派」的兩派，但這個例子引發我們思考機率的本質，認識到機率有其客觀性，也有其主觀性。這是頻率學派與貝氏學派的重要分歧之一。

簡單地說，頻率學派與貝氏學派探討「不確定性」的出發點與立足點不同。頻率學派試圖直接為產生「事件」的物理本質建立模型，比如頻率學派主張不斷地拋擲硬幣，是想要從拋擲次數增大時正面朝上次數的變化，來得到反映硬幣正反偏向性的某個物理參數 p。而貝氏學派認為，也許根本不存在這個固定的物理參數 p，反之，數據是比「物理本體」更為重要的真實存在，人們只能透過「觀察者」得到的數據來進行猜測和推論。所以，他們想要為這個「猜想推論」過程中的數據變化建模，建模方法便是使用貝氏公式將模型參數不斷更新。因此，就實用而言，貝氏學派也需要一定程度的反覆實驗，頻率學派也照樣使用貝氏公式。但是，他們對使用這些方法到達何種目的的觀點有差別，對物質世界本體的哲學觀不同。

換言之，頻率學派試圖描述的是事物本體，而貝氏學派試圖描述的是觀察者知識狀態在新的觀測發生後如何更新，是世界觀的差異影響到方法上的差異。例如，對拋硬幣過程而言，頻率學

派更為強調「多次實驗」，貝氏學派則強調探索更新實驗結果的方法。下面我們再從拋硬幣的例子看待兩學派的差異。

簡單而言，如果某個貝氏學者拋硬幣，他首先會對硬幣給出一個正反均勻的事前機率（0.5），這是來自於他的直觀猜想。之後，比如說拋了100次之後，他發現：結果中居然只有20次是正面朝上！於是，這100次新的觀測結果，影響了他原有的信念，他開始懷疑這枚硬幣究竟是不是均勻的？於是，利用貝氏公式，他用邏輯推論的方式更新了他對這枚硬幣不確定性的知識，從0.5出發，得到一個新的猜想值。然而，對一個頻率學派的實驗者而言，他不需要什麼「先驗猜想」，實驗了100次，其中20次正面朝上，那麼他認為正面出現的機率就可以近似為20/100，即0.2。

也就是說，從頻率學派觀點出發的觀察者，研究拋硬幣的策略很簡單：多次實驗，不停地拋，目的是要用實驗得到的正面出現的頻率來逼近機率 p，如圖2-3-1所示。由圖中曲線可見，實驗描述的不是一個公平硬幣，因為從多次實驗的結果得到的極限，正面出現的機率是0.6。

頻率學派給硬幣這個物理實體建立了一個參數是 p 的簡單模型，然後以多次實驗來得到 p 的值。貝氏學派的模型不是針對硬幣本體，而是針對觀測者自己對硬幣特徵的「信任度」。比如說，有命題A：「這是一個公平硬幣」，觀測者對此命題的信任度用 $P(A)$ 表示。如果 $P(A) = 1$，表示觀測者堅信這個

硬幣是「正反」公平的；$P(A)$ 越小，觀測者對硬幣公平的信任度越低；如果 $P(A) = 0$，說明觀測者堅信這個硬幣不公平，比如說，可能兩面都是「正面」，是一個騙人的「正正」硬幣。為了敘述方便起見，用 B 表示命題「這是一個正正硬幣」，並且忽略其他可能性，因此 $P(B) = 1 - P(A)$。

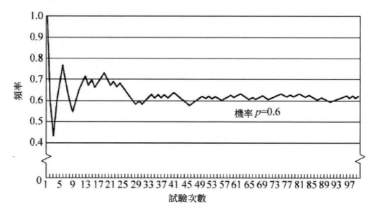

圖 2-3-1　頻率的極限是機率

下面看看貝氏學派如何根據貝氏公式來更新他的「信任度」模型 $P(A)$。

首先，他有一個「事前信任度」，比如 $P(A) = 0.9$，0.9 接近 1，說明他比較偏向於相信這個硬幣是公平的。然後，拋硬幣 1 次，得到「正」（H）。他根據貝氏公式，將 $P(A)$ 更新為 $\mathrm{P}(A|H)$：

$$P(H \mid A)P(A) = 0.5 \times 0.9 = 0.45$$

$$P(H \mid \overline{A})P(\overline{A}) = 1.0 \times 0.1 = 0.1$$

$$P(A \mid H) \frac{P(H \mid A)P(A)}{P(H \mid A)P(A) + P(H \mid \overline{A})P(\overline{A})} = \frac{0.45}{0.45 + 0.1} \approx 0.82$$

更新後的事後機率為 $P(A|H) = 0.82$，然後再拋一次又得到正面（H），兩次正面後新的更新值是 $P(A|HH) = 0.69$，3 次正面後的更新值是 $P(A|HHH) = 0.53$。如此拋下去，如果 4 次接連都得到正面，新的更新值是 $P(A|HHHH) = 0.36$。這時候，這位觀察者對這枚硬幣是公平硬幣的信任度降低了很多，從信任度降到 0.5 開始，他就已經懷疑這個硬幣的公平性，接連 4 個正面後，他更偏向於認為該硬幣很可能是一枚兩面都是正面的假幣！

如上可見，貝氏理論認為，雖然有時候機率確實能夠透過大量重複實驗獲取的頻率測得，但是這並非頻率的本質。機率的概念應該被擴展為對一個命題信任的程度，因而，人們針對頻率學派認定的「客觀機率」，提出了主觀機率的概念。

主觀和客觀

有趣的是，還有人用玩麻將遊戲為例來比喻頻率學派和貝氏學派。如果你在遊戲中，只考慮下面未翻開的牌中還剩下些什麼，並且根據計算這些牌下次出現的機率來作決定的話，那

第 2 章　趣談貝氏學派

你就是屬於頻率學派。而貝氏學派打麻將時的考慮要複雜一點：不僅僅要記住下面有什麼牌，還得看遊戲的過程中誰打了些什麼牌，什麼時候打的。因為除了桌子上剩下未翻開的牌之外，還有在各人手中的牌也是未知的，對於這些未知的情況你只能猜測。並且，每個人打牌的方式不完全相同，這是人的主觀性。每個人手上的牌也不是固定的，是隨著遊戲的進展，根據場上的情況而變化的。因此，你摸到某張牌的機率不固定，也在不斷地變化，你需要根據場上情況的變化，不斷地更新你有關「牌局」的知識而做出決斷，大多數麻將高手可能都是這麼做的。便有人開玩笑說：麻將高手們都可算屬於貝氏學派哦！

以上的說法也表明，貝氏學派的思考方法更為自然，更符合人們大腦的思維方式。貝氏推論是透過新得到的證據不斷地更新你的信念，一旦你的信念被更新，你能根據更新的知識做出可信的判斷。但貝氏主義很少做出絕對性的判斷，總會保留一定的不確定性，生活中的實際情況也是如此。無論從打麻將還是玩撲克牌的遊戲中，大家都能體會到，不確定的因素太多了，這些不確定來自於「牌」混合之後的客觀分布，也來自於所有遊戲參與者主觀的思考、方法和判斷，並不是一個僅僅靠邏輯推理就能決定輸贏的過程。

簡單地說，頻率學派重視「客觀」情況，貝氏學派更重視「主觀」因素。主觀、客觀的觀念屬於哲學範疇，主觀指與人有關的意識、思想、認識等，客觀指人的意識之外的物質世界

或認識對象。主觀和客觀的關係問題，是認識論中的基本問題。

　　將機率表述為對事件發生的信心，事實上是對機率最自然的解釋。頻率學派認為機率是事件在長時間內發生的頻率。對許多事件來說，這樣解釋機率是有邏輯的，但對某些沒有長期頻率的事件來說，這樣解釋是難以理解的。貝氏學派把機率解釋成是對事件發生的信心，是觀點的概述。某些情況下，頻率學派和貝氏學派所談的機率是一致的。比如說，一個人對飛機事故發生的信心應該等同於他了解到的飛機事故的頻率。但有時候則不一樣，比如貝氏機率的定義可以適用於總統選舉這樣的情況，你認為某個競選者能夠當選的機率，取決於你對該候選人獲勝的信心。

　　英國數學家及哲學家弗蘭克‧拉姆齊（Frank Ramsey, 1903 ～ 1930）在他 1926 年的論文中，首次建議將主觀信賴度作為機率的一種解釋，他認為這種解釋可以作為頻率學派客觀解釋的一個補充或代替（圖 2-4-1）。

貝葉斯　　　　　　　拉姆齊

圖 2-4-1　貝葉斯和拉姆齊

第 2 章　趣談貝氏學派

機率有時候是主觀的，比如以賽馬為例，大多數觀眾並不具備對馬匹和騎師等因素的全面知識，而只是憑主觀因素對賽馬結果下賭注。他們認可的某個馬匹的獲勝機率反映的是他們的個人信念，不一定符合客觀事實，因而是主觀機率。

科學有別於哲學，儘管物理世界是客觀存在的，解決問題的科學方法卻總是人為的，難免摻進主觀的因素，自覺或不自覺的，明顯或隱含的，不管是屬於哪個派別，主觀性都在所難免。作為數學的應用，必須具體問題具體分析，哪種方法有效便使用哪一種。主觀還是客觀的說法，只不過是凌駕於科學之上的「哲人」們對理論的不同詮釋，對解決具體問題無濟於事。

正是因為頻率學派強調機率的客觀性，一般才用隨機事件發生的頻率的極限來描述機率；貝氏學派則將對不確定性的主觀信賴度作為機率的一種解釋，並認為：根據新的訊息，可以透過貝氏公式不斷地導出或者更新現有的信賴度。

既然許多決策問題的機率不能透過隨機實驗去確定，那就只能由決策人根據他們自己對事件的了解去設定。這樣設定的機率反映了決策人對事件掌握的知識所建立起來的信念，稱為主觀機率，以區別於透過隨機實驗所確定的客觀機率。機率的客觀性指的是它獨立於任何使用者，僅由物理參數而決定的個性。

有趣的是，每個人都可以給某個事件賦予機率值，因此主觀機率不是唯一的，而是因人而異的。這點也與現實吻合，反映了不同的人對同一事件擁有的訊息不同、思維方式不同，因而對該事件是否發生的信任度也不同。但這些不同一般不能僅僅用非黑即白的簡單「對錯」來描述，這也是物理世界的現實。

　　然而，有人由此而責難主觀機率學派，認為不符合唯物主義，遠離了科學研究的宗旨。機率應該是對客觀世界本質屬性的一種描述，應該獨立於主觀意識而存在，怎麼會是主觀的且因人而異呢？事實上，承認主觀機率，並不代表唯心主義，而是更為準確地描述人們在科學活動中的實驗和更新理論的思維過程。

　　仍以拋硬幣為例。如果大家對拋擲的硬幣都是一無所知，每個人都會首先假定這是一個公平硬幣，都會猜測正面出現的機率是 0.5。不過，小王有一個偶然的機會，瞄了一眼這枚硬幣從高處落下時在空中翻滾的情形。奇怪的景象令他印象深刻：他看到的似乎全是正面，好像這枚硬幣兩面都是頭像，沒有反面。所以，小王對該硬幣拋丟結果為正面的可信度很高，懷疑這枚硬幣被人做了手腳，因此他做出了一個正面出現的機率是 0.9 的先驗猜測。這是他的主觀機率，並不能說明硬幣是否為公平硬幣的事實，也不能改變硬幣拋下來是正還是反的結果，與硬幣的客觀物理性質是無關的。

第 2 章　趣談貝氏學派

　　這時候，拋硬幣的結果出來了：是反面！這個結果顛覆了小王原有的認知，因為它肯定不是一個雙正面的硬幣！於是，小王根據貝氏公式，修正了他的有些「荒謬」的先驗猜測，得到一個更為合理的事後機率。這正是我們大腦的思維方式，正如著名的英國經濟學家約翰·凱因斯（John Keynes, 1883 ～ 1946）的名言：「當事實改變，我的觀念也跟著改變，你呢？」隨著證據而更新信念，這絲毫不違背科學精神，正是科學精神的體現。

　　也許有讀者提問了：按照你的說法，貝氏學派好像不錯，那麼頻率學派的模型是錯誤的嗎？

　　不是。頻率學派的方法仍然非常有用，在很多領域可能都是最好的辦法。再者，如果一切都只從貝葉斯的觀點出發，很多理論分析會陷入困境。比如大數法則和中央極限定理，這兩個機率論的基本原理，都是基於頻率學派多次實驗的基礎上。

　　那麼機率到底是客觀還是主觀的呢？這涉及「機率本質」的哲學問題，以下幾個例子可以啟發讀者思考在各種情況下，對不同機率類型的不同理解：

1. 拋硬幣或擲骰子實驗中某一面出現的機率是由其物理屬性決定的，具有明確的「客觀」意義，可以透過多次實驗的方法來逼近。

2. 地震研究者預測某地區某月是否發生 6 級地震的機率，除了該地區的客觀地層情況之外，還有與該研究者有關的許

多「主觀」因素，難以進行多次實驗，但可以參考許多年
的歷史記錄。

3. 美軍於某月某日某處抓到賓拉登的機率，只是依靠主觀臆
   測，不可能重複實驗。

兩學派的爭論由來已久，各有其信仰、內在邏輯、解釋力
和侷限性，儘管世界觀不同，但在實用上仍然可以把兩個派別
的方法結合起來，如果僅就科學研究的意義上，兩個學派的統
計學家基本上都承認大數法則和中央極限定理，也都使用貝氏
公式。但兩派使用這些定理的方式和場合不完全一樣而已。兩
個派別從兩種不同的哲學觀來詮釋各種統計模型。

物理理論中的量子力學，也有與機率有關的不同詮釋，因
為量子理論描述的是微觀粒子的運動規律，不可避免地與機率
和統計的理論交織糾纏在一起。事實上，貝葉斯的推論方法，
也在量子理論中找到了用武之地，這就是下節中將介紹的量子
貝氏模型。

拿什麼拯救你，量子力學

著名理論物理學家史蒂文・溫伯格（Steven Weinberg,
1933～）於 2017 年 1 月 19 日為紐約書評寫了一篇文章，表達
了他對量了物理未來前景的困惑和擔憂，其中對量子論機率解
釋的一段話引人深思。

第 2 章　趣談貝氏學派

此段話的意思大致可以做如下解讀：

機率融入物理學，使物理學家困擾，但是量子力學的真正困難並非機率，而是這機率從何而來。描述量子力學波函數演化的薛丁格方程式是確定性的波動方程式，本身並不涉及機率，甚至不會出現經典力學中對初始條件極為敏感的「混沌」現象（筆者註：這是因為薛丁格方程式是線性偏微分方程式，混沌是非線性的特徵）。那麼，量子力學中反映不確定性的機率究竟是怎麼來的呢？

· 量子力學的困惑

正如溫伯格所述，物理學家們一直被量子力學中的種種詭異現象所困擾，並且在哲學理解的層面上互相難以達成共識。那麼，是不是說量子力學就是錯誤的呢？當然不是，至少不能完全、絕對地如此下結論。相反地，量子力學被認為是自然科學史上被實驗證明最精確的理論之一，它是我們理解原子、原子核、電磁性、半導體、超導，以及天文學中觀測到的白矮星、中子星的結構等理論的基礎。以其為基礎所發展的量子電動力學，對於某些原子性質的理論預測，被實驗驗證結果的準確性達到 1/108。

量子力學就是這麼一個奇怪的理論，在如今的高科技產品中隨處可見其應用，可謂已經取得了巨大的成就，但卻又爭議不斷、眾說紛紜。物理學家們對量子理論的分歧不在於計

算結果，而是在於不同的詮釋。從波耳和愛因斯坦的著名論戰開始，到如今已經快有百年時間，頂尖的物理學家仍然爭論不休。但是，只要我們遵循美國康乃爾大學物理學家大衛·梅爾銘（David Mermin, 1935～）所說：「閉上你的嘴，用心計算吧！」那便萬事大吉，無論哪派的物理學家，都能學會程式化地使用抽象而複雜的數學方法，對各種微觀系統進行研究和計算，並給出準確度驚人的結果。

溫伯格的疑問表面看起來是從數學角度發出的問題：方程式不涉及機率，為何最後的結果被解釋成了機率？事實上，從物理的角度看也是如此，機率的入侵攪亂了量子力學，攪亂了物理學家們的科學思維方式。

機率是什麼？機率可定義為對事物不確定性的描述。但在經典物理學框架中，不確定性來自於我們掌握的知識的缺乏，是由於我們掌握的訊息不夠，或者是沒有必要知道那麼多。比如說，向上擲出一枚硬幣，再用手接住時，硬幣的朝向似乎是隨機的，可能朝上，也可能朝下。但按照經典力學的觀點，這種隨機性是因為硬幣運動不易控制，從而使我們不了解（或者不想了解）硬幣從手中飛出去時的詳細訊息。如果我們對硬幣飛出時每個點的受力情況知道得一清二楚，然後求解宏觀力學方程式，就完全可以預知它掉下來時的方向了。換言之，經典物理認為，在不確定性的背後，隱藏著一些尚未發現的「隱變數」，一旦找出了它們，便能避免任何隨機性。或者說，隱變數

是經典物理中機率的來源。

　　然而，量子論中的不確定性不一樣，量子力學中的不確定性是否也來自於隱藏在更深層次的某些隱變數呢？這正是當年愛因斯坦說「上帝不會擲骰子」的意思。愛因斯坦不是不懂機率，而是不接受當年以波耳為代表的「哥本哈根學派」對量子力學的機率解釋，以及測量時「波函數塌縮」到經典結果的「量子——經典」的邊界圖景。之後（1935 年），愛因斯坦針對他最不能理解的量子糾纏現象，與兩位同行共同提出著名的愛因斯坦 - 波多爾斯基 - 羅森（Einstein-Podolsky-Rosen, EPR）悖論，試圖對哥本哈根詮釋做出挑戰，希望能找出量子系統中暗藏的「隱變數」。

　　愛因斯坦質疑量子力學主要有三個方面：確定性、實在性、定域性。這三者都與上面所說的「機率的來源」有關。如今，愛因斯坦的 EPR 文章已經發表了 80 餘年，特別在約翰·斯圖爾特·貝爾（John Stewart Bell, 1928 ～ 1990）提出貝爾定理後，愛因斯坦的 EPR 悖論有了明確的實驗檢測方法。然而，令人遺憾的是，許多次實驗的結果並沒有站在愛因斯坦一邊，並不支持當年德布羅意 - 玻姆理論假設的「隱變數」觀點。反之，實驗的結論一次又一次地證實了量子力學計算結果的正確性。

　　溫伯格在 2017 年 1 月的這篇文章中提出的質疑，仍然是量子理論的詮釋問題，不是計算問題。但他對現有理論的未來擔憂，質疑量子力學中「測量的本質」。溫伯格認為對量子力學

有兩類主要的詮釋：與「多世界」對應的「現實主義」詮釋，以及與哥本哈根表述一脈相承的「工具主義」詮釋。兩者都不能令人滿意。或許有必要對量子力學的概念進行大修正。

· 哥本哈根詮釋及困擾

簡單解釋一下量子力學主流學派的觀點：以波耳和海森堡為代表的哥本哈根詮釋。

首先以電子雙縫實驗為例，回顧一下量子力學中的「詭異」現象 —— 量子悖論。在雙縫實驗中，電子被一個一個地發射到「雙縫」附近（像發射子彈一樣）。從經典觀點來看，一個電子不可分，並且電子之間不會互相干涉。但是，實驗結果卻表明，電子束在後面的螢幕上產生了干涉條紋。因此，這是一種量子效應，表明電子和光一樣，既是粒子又是波，兼有粒子和波動的雙重特性 —— 波粒二象性。

德布羅意引入「物質波」的概念，認為所有物質都有波粒二象性，但子彈（經典粒子）射到雙縫上，觀察不到干涉條紋，是因為子彈的質量太大，波長太小的緣故。而微觀的電子便能觀察到干涉現象。薛丁格（Schrödinger, 1887 ～ 1961）導出的方程式則更進一步，方程式的解賦予了微觀粒子（或量子系統）一個對應的「波函數」。

電子雙縫實驗中出現的干涉條紋已經夠奇怪，而更為詭異的行為是表現在對電子的行為進行「測量」之時！

第 2 章　趣談貝氏學派

　　為了探索電子雙縫實驗中的干涉是如何發生的，物理學家在雙縫實驗的兩個狹縫口放上兩個粒子探測器，試圖測量每個電子到底走了哪條縫，如何形成了干涉條紋。然而，詭異的事情發生了：一旦想要用任何方法觀察電子到底是透過了哪條狹縫，干涉條紋便立即消失了，波粒二象性似乎不見了，實驗給出了與經典子彈實驗一樣的結果！

　　諸如此類的奇特量子現象已經被無數次的實驗所證實。然而，如何從理論上來解釋此類量子悖論呢？這便出現了各種詮釋，我們看看哥本哈根派是怎麼說的。

　　哥本哈根派認為，微觀世界的電子通常處於一種不確定的、經典物理不能描述的疊加態：既是此，又是彼。比如說，被測量之前的電子到達狹縫時，處於某種（位置的）疊加態：既在狹縫位置 A，又在狹縫位置 B。之後，「每個電子同時穿過兩條狹縫！」產生了干涉現象。

　　但是一旦在中途對電子進行測量，量子系統便發生「波函數坍塌」，原來表示疊加態不確定性的波函數坍縮到一個固定的本征態。就是說：波函數坍塌改變了量子系統，使其不再是原來的量子系統。量子疊加態一經測量，就按照一定的機率規則回到經典世界。這裡所說的「機率規則」名為「玻恩定則」，量子系統坍塌到某本徵值的機率與波函數的平方有關。

　　以上詮釋實質上的物理意義等同於大眾皆知的「薛丁格的貓」：打開蓋子前，貓是既死又活，只有揭開蓋子後觀測，貓

的死活狀態才能確定。

這種解釋帶來很多問題（別的詮釋又有別的問題），哥本哈根詮釋直接使人困惑的一點是：如何理解測量的本質？誰才能測量？只有「人」才能測量嗎？測量和未測量的界限在哪裡？

物理學家約翰·惠勒（John Wheeler, 1911～2008）引用波耳的話說：「任何一種基本量子現象只在其被記錄之後才是一種現象」，這段繞口令式的話導致人們如此質問哥本哈根詮釋：難道月亮只有在我們回頭望的時候才存在嗎？

此外，因為波函數塌縮是在同一時刻發生在所有地方，對量子糾纏中的兩個粒子，導致了愛因斯坦的「幽靈般超距作用」的困惑。總而言之，看起來，對量子力學的詮釋違反了確定性、實在性和局域性。經典物理學始終認為物理學的研究對象是獨立於「觀測手段」存在的客觀世界，而量子力學中的測量卻將觀測者的主觀因素摻和到客觀世界中，兩者似乎無法分割。

· 量子貝氏模型

21 世紀初，有 3 位學者（美國的凱夫斯（Carlton Caves, 1950～）、富克斯（Christopher Fuchs）及英國的沙克（Rüdiger Schack））發表了一篇題為《作為貝氏機率的量子機率》的短論文，探索一種量子力學的新詮釋。三人都是經驗豐富的量子訊息理論專家，他們將量子理論與貝氏學派

的機率觀點結合起來，建立了「量子貝氏模型」（Quantum Bayesianism），或簡稱為「量貝模型」（QBism）。

貝氏學派的主觀機率思想與量子力學的哥本哈根詮釋在某些方面有異曲同工之妙。更早期，美國物理學家埃德溫・傑恩斯（Edwin Jaynes, 1922～1998）率先使用和推動用貝氏機率來研究統計物理和量子力學，由此而啟發幾個量子資訊學家們之後構建了量貝模型。

量貝模型與哥本哈根詮釋有關係，但又有所不同。哥本哈根詮釋認為波函數是客觀存在，人為的「測量」干擾破壞了這個客觀存在，使得原來的量子疊加態產生了「波函數塌縮」，從而造成悖論。量貝模型則認為波函數並非客觀存在，只是觀察者所使用的數學工具。波函數不存在，也就沒有什麼「量子疊加態」，如此便能避免詮釋產生的悖論。

根據量子貝氏模型，機率的發生不是物質內在結構決定的，而是與觀察者對量子系統不確定性的信賴度有關。實際上，當年的波耳便曾經認為波函數是數學抽象化而非真實存在，如今的量貝模型為波耳的觀點提供了數學支持。他們將與機率有關的波函數定義為某種主觀信念，觀察者得到新的訊息之後，根據貝氏定理的數學法則得到事後機率，不斷地修正觀察者本人的主觀信念。

儘管認為波函數是主觀的，但量貝模型並不是否認一切真實性的虛無主義理論。這個理論的支持者說，量子系統本身仍然是

獨立於觀察者的客觀存在。每個觀察者使用不同的測量技術，修正他們的主觀機率，對量子世界做出判定。在觀察者測量的過程中，真實的量子系統並不會發生奇怪的變化，變化的只是觀察者選定的波函數。對同樣的量子系統，不同觀察者可能得出全然不同的結論。觀察者彼此交流，修正各自的波函數來解釋新獲得的知識，於是就逐步對該量子系統有了更全面的認識。

根據量貝模型，盒子裡的「薛丁格貓」並沒有處於什麼「既死又活」的恐怖狀態。但盒子外的觀察者對裡面的「貓態」的知識不夠，不足以準確確定它的「死活」，便主觀想像它處於一種死活並存的疊加態，並使用波函數的數學工具來描述和更新觀察者自己的這種主觀信念（圖 2-5-1）。

圖 2-5-1 量子貝氏模型

舉一個常見的例子來說明此類主觀臆想的「疊加態」。在 2016 年的美國總統人選中，川普和希拉蕊都有「勝敗」的可能性，但結果難以預測。對某個川普的支持者而言，不知道川

普最後到底是「勝」還是「敗」之前，只能憑著他個人的主觀臆測來估計川普「勝敗」機率（比如 52%：48%），就好像是類似於認為川普是處於某種「勝敗」並存的疊加態中。這種疊加態的機率分配是這個人主觀的，其他人可能會有不同機率分配的主觀疊加態。

　　量貝模型創建者之一的富克斯，為量貝模型數學基礎做出了一個重大發現，他證明了電腦率的玻恩法則幾乎可以用機率論徹底重寫，而不需要引入波函數。因此，也許只用機率就可以預測量子力學的實驗結果了？富克斯希望，玻恩法則的新表達能夠成為重新解釋量子力學的關鍵。由此想法開始，支持者們正在努力，試圖用機率論來重新構建量子力學的標準理論。目前這個目標尚未達成，結論如何，還需拭目以待。但無論如何，量貝模型為量子力學的詮釋提供了一種新的視角。

貝氏撞球問題

　　事實上，頻率學派和貝氏學派最大的差別，在於對物理世界建模時使用的參數的認知。頻率學派認為模型的參數是固定的，真實而客觀存在的。他們的方法，是使用最大概似（maximum likelihood）以及信賴區間（confidence interval），以便找出這個參數的真實值。而貝氏學派恰恰相反，他們不關心參數的所謂「真實值」，關心的是參數的每一個值的可能性，即參數的機

率分布。貝氏學派將參數看作是隨機變數,每個值都有可能是真實模型使用的值,區別只是機率不同而已。

愛麗絲和巴布在撞球桌上玩「貝氏撞球遊戲」,他們的朋友查理為裁判。這個遊戲的確是由貝葉斯提出來的,但這裡所述的是一種現代版本,以此為例說明兩大學派對參數的不同認知以及不同的處理方法。

遊戲規則簡單,比賽開始之前,查理將一個初始球投到桌子上,球停止在一個完全隨機的位置,作為愛麗絲和巴布「領土範圍」分界線的標記,見圖 2-6-1。然後,查理隨機地將另一個球滾到桌子上。如果球停止在初始標記的左邊,即愛麗絲的領地上,愛麗絲贏得 1 分,如果球停止在右邊,巴布贏 1 分。愛麗絲和巴布看不到撞球桌上的詳細情況,只知道每次誰得了分,以及自己和對方的總分是多少。實際上,在遊戲中愛麗絲和巴布什麼也不做,一切都由查理安排和投球。最後,第一個獲得 6 分的人取勝。

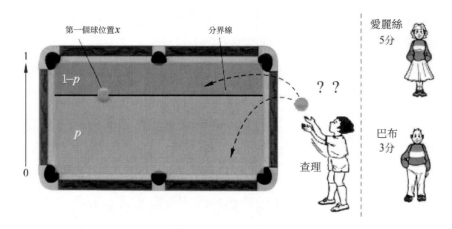

圖 2-6-1　貝氏撞球問題

　　想像一下，如果比賽進行了 8 次之後，愛麗絲已經贏得了 5 分，巴布贏得 3 分，愛麗絲再得 1 分就要贏了，巴布還差 3 分，必須連贏 3 次。形勢顯然對巴布不利，但這時候，應該如何計算巴布最後獲勝的機率？

　　假設查理投出的球最後停止在撞球桌上任何一點的機率都是相同的。那麼顯然，愛麗絲贏 1 分的可能性正比於她的領地的面積（或圖 2-6-1 中相應矩形的寬度），巴布也一樣。每次投球後，愛麗絲贏（即巴布輸）的機率為 p，等於她的領地占整個撞球面的比例。也就是說，p 是由第一個球的位置決定的，我們用 p 來代表這個機率模型的參數。

　　這個問題被抽象化之後似乎與拋硬幣有點類似，也是一個 p 值決定的二項分布問題，但為什麼這次要用這個例子，不用拋

硬幣或擲骰子了？因為它和硬幣骰子的情況有所不同。這裡的機率 p 是變化的，並且是連續變化的。一枚硬幣的正面機率 p，是一個由鑄造條件固定了的物理參數，不會變化。

貝氏撞球問題中的 p，是連續變化冗餘參數的例子，對這個問題的研究使我們看到頻率學派和貝氏學派處理這類問題之間的異同。

根據頻率學派的觀點，參數是固定的，愛麗絲和巴布的領地分界標記在每場比賽中只在比賽前設置一次，所以 p 是一個固定參數。頻率學派的目的，是根據遊戲在某一步得到的數據，求出或估計這個參數，並由此再得到問題的答案。

比賽進行了 8 次之後，愛麗絲再得 1 分就贏，因此她最後贏的機率就是查理滾一次球停到愛麗絲領地中的機率 p。而巴布需要接連 3 次拋的球都滾到自己的領地上，每次滾到自己領地上的機率是 $(1-p)$，巴布接連贏 3 次的機率便是 $(1-p)^3$。那麼，應該如何估計這個 p 呢？

在數理統計學中，經常使用概似函數來描述統計模型中的參數，由此函數的最佳化來估算參數的方法叫做「最大概似估計」。

概似函數是什麼？「概度」一詞與「機率」一詞意義相近，都是指某種事件發生的可能性。概似函數與第 1 章「隨處可見的鐘形曲線：中央極限定理」介紹的機率分布函數有關，他們的函數形式有可能相同，但在統計學中，兩者在概念上有

著明確的區分：機率分布函數是隨機變數的函數，參數固定；概似函數是參數的函數，隨參數的變化而變化。

　　做概似估計時，首先對一定的機率分布和樣本取值，定義概似函數，然後再求出使概似函數取極值的參數，它便是最大概似估計的參數。比如說，樣本取值為 $(m、n)$ 的二項分布的概似函數為 $p^m(1-p)^n$，這裡的參數為 p。在上述問題中，查理拋了 8 次球，愛麗絲贏 5 次、輸 3 次，概似函數為 $p^5(1-p)^3$。為了得到概似函數的極值點，將此函數對 p 的微分設定為零：

$$\frac{d}{dp}\ \text{概似函數}(\text{樣本 } D)\ =\frac{d}{dp}\left[(1-p)^3 p^5\right]=0\ \ \Rightarrow p=\frac{5}{8}$$

　　得到最佳化上述概似函數的 p 值為：$p=5/8$。由最大似然估計，再得出巴布最後贏的機率為 $P(\text{巴布}|\text{樣本 D})=(1-p)^3=(3/8)^3=1/19$。巴布的「賠率」＝P（巴布）/（1−P（巴布））。因此，最後結果的巴布賠率為 1：18。

　　以上是頻率學派的計算方法，貝氏學派如何計算這個問題？

　　貝氏學派也使用概似函數，但他們不將 p 值固定在最大概似估計的 5/8，而是考慮 p 可能為 0 到 1 之間的任何實數，對 p 值的範圍積分：

$$P(巴布 \mid 樣本\,D) = \frac{\int_0^1 P(巴布)\,概似函數\,(樣本\,D)\,\mathrm{d}p}{\int_0^1 概似函數\,(樣本\,D)\,\mathrm{d}p}$$

$$= \frac{\int_0^1 (1-p)^3 (1-p)^3 p^5 \,\mathrm{d}p}{\int_0^1 (1-p)^3 p^5 \,\mathrm{d}p} = 0.09$$

由此可算出巴布的「賠率」＝ P（巴布）/（1 － P（巴布）），計算巴布賠率大約為 1：10。

可以看出貝氏的結果是 1：10，而頻率論的結果是 1：18。究竟哪個是對的呢？兩種方法的差異可以用圖 2-6-2 來說明。

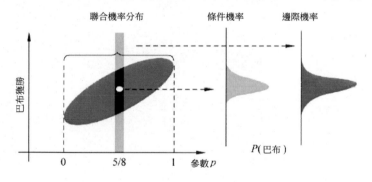

圖 2-6-2　條件機率和邊際機率

從模型參數的角度看，頻率學派只考慮一個固定的「最大概似估計」的參數值 $p = 5/8$，即圖 2-6-2 中用 $p = 5/8$ 附近矩形長條表示的區域，來得到巴布最後獲勝的機率，即圖 2-6-2 中右邊的條件機率分布曲線。而貝氏學派並不認為 p 是固有的，

第 2 章　趣談貝氏學派

各種取值都有可能，因此他們對從 0 到 1 的所有可能的 p 值分布進行積分，也就意味著對所有可能性平均，得到的是圖 2-6-2 中最右邊的邊際機率分布曲線。

也就是說，從機率的角度看，兩種方法的差異來自於使用條件機率還是使用邊際機率。如果有兩個以上的隨機變數，通常用它們的聯合機率分布來描述其在多維空間的隨機性。如圖 2-6-3 表示隨機變數 X 和 Y 的聯合機率分布以及邊際機率。

頻率學派將模型參數看成是固定的；貝氏學派則把參數也看成是隨機變數，也符合某種分布，這是兩者的根本區別。

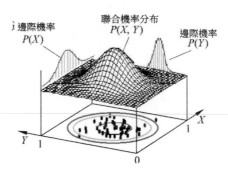

圖 2-6-3　聯合機率邊際化

貝氏學派的想法其實更為自然，這也是為什麼貝氏學派的產生遠早於頻率學派，但在電子電腦技術尚未出現的時候，這大大限制了貝氏方法的發展。頻率學派主要使用最佳化的方法，處理起來要方便很多。如今，貝氏學派重新回到人們的視線中，而且日益受到重視。兩個學派除了在參數空間的認知上

有區別以外，方法論上都是相互借鑑、相互轉化的。

因為貝氏學派認為所有的參數都是隨機變數，都有分布，因此可以使用一些基於採樣的方法使得我們更容易構建複雜模型。頻率學派的優點則是沒有假設一個先驗分布，因此更加客觀，也更加無偏向性，在一些保守的領域（比如製藥業、法律）比貝氏方法更受到信任。

有時候這種不確定性是物體的固有屬性，是獨立於主觀因素的客觀存在。比如硬幣或骰子，它們的物理偏向性如何？某一面出現的機率是多少？是否「公平」？這些都是在物體的製造過程中決定的，原則上可用頻率學派多次實驗的方法來探索它的機率。但在某些情形下，「不確定性」的客觀意義並不顯而易見。例如，在 A 大學對 B 大學的某次籃球賽中，某人預言 A 隊「贏」的機率，是他個人觀點結合兩個球隊實力得出的主觀猜測，這時候使用貝氏定埋逐次更新機率模型的方法更為合適。

圖 2-6-4 表示兩大學派從不同角度來看待物埋參數：頻率學派認為參數值是固定的，使用多次測量來逼近這個固定值。貝氏學派從固定的樣本區間，考慮參數所有可能值，用實驗結果來更新參數取值的機率。

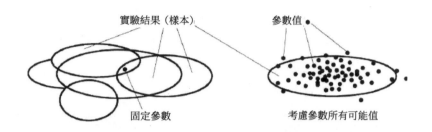

圖 2-6-4　兩學派對參數的不同觀點
（a）頻率學派多次測量，樣本區間變化來逼近固定的參數值；
（b）貝氏學派固定樣本區間，參數變化根據新的樣本數據更新參數分布

德國坦克問題

　　從觀察到的數據（樣本）來推論隨機變數的整體性質，叫做「統計推論」。統計推論的方法在第二次世界大戰中曾經大顯身手，德國坦克問題是其中一個著名的例子，由此例我們也可以再次體會到頻率學派和貝氏學派在統計方法上的差異。

　　當時德國人正在大規模地生產坦克，盟軍想要知道他們每個月的坦克產量數。為了了解這個訊息，盟軍採取了兩種方法：一是根據情報人員刺探的消息得到；另一種是根據盟軍發現和截獲的德國坦克數據，用統計分析辦法得到。根據情報人員的報告，德軍坦克每個月的產量大約有 1,400 輛，但根據統計數字預計的數量明顯少於數百輛。「二戰」之後，盟軍對德國的坦克生產記錄進行了檢查，發現統計方法預測的答案（表 2-7-1）令人驚訝地與事實符合。「二戰」中的統計學家們是怎麼做到的？

表 2-7-1　「二戰」中德國坦克生產數量統計分析、情報估計與實際記錄比較

月份	統計估計	情報估計	德國紀錄
1940 年 6 月	169	1,000	122
1941 年 6 月	244	1,550	271
1942 年 8 月	327	1,550	342

來自維基百科

　　當年，德國人製造的每一輛坦克上都有一個序列號。假設德國每個月生產一批坦克，從 1 到最大值 N 按順序排列，那麼可以把這個最大編號 N 當作總體生產量。盟軍發現和截獲的任何德國坦克上的序列號，都應該是介於 1 和 N 之間的一個整數，根據這些序列號數據，如何來猜測 N？這是第二次世界大戰時給數學家們提出的問題。

　　經典（頻率學派）統計推論的方法有幾個基本原則，包括最大概似估計、最小變異數、無偏性等等。簡單而言，頻率學派統計推論使用最佳化求極值的方法，讓概似函數最大化，樣本的平均平方差最小化；無偏性則指的是採樣時盡量使得樣本的平均值等於整體的平均值。比如說，先考慮最簡單的情況：在某個月內，盟軍只發現了 1 輛德國坦克，其標號為 60，如何來估計德國在這個月生產坦克的總數 N？也許讀者會說：「你瘋了！只有這麼 1 個數據，有什麼可估計的？還能使用什麼統計

方法嗎？ N 是任何數值都有可能的，只能隨便猜測一個啦！」

　　不過，你的說法顯然不正確。首先，N 不可能是任何數，N 的值起碼要大於或等於 60！嚴肅的統計學家就更不會這麼說了，即使對如此少量的數據，他們仍然有自己的統計推論方法。

　　第一，為了估計總數 N，他需要選擇一個概似函數。如果這批坦克生產的總數是 N 的話，攔截到 1 至 N 中任何一個編號的坦克的可能性為 1/N，可以將這個可能性作為概似函數（參數 N 的函數），那麼截獲任何一輛坦克的機率是坦克總數 N 的函數，見圖 2-7-1。

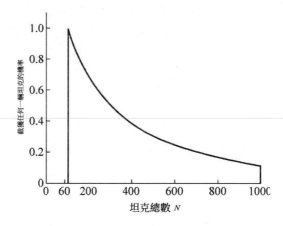

圖 2-7-1　截獲任何一輛坦克的機率和估計出的坦克總數

　　如果僅僅考慮最大概似估計，可得 N = 60，因為那是在圖 2-7-1 中使得概似函數取最大值的點。然而，為了考慮均方誤差（MSE），我們最好假設總產量 N 不是剛好等於 60，而是乘以一個大於 1 的因子 a。想像盟軍看到了 N 個坦克中所有的坦克，

那麼均方誤差可以如下計算並最佳化，求最小值。

$$均方差：\mathrm{MSE} = \frac{1}{N} \sum_{i=1}^{N} (ai - N)^2$$

$$令均方差對參數微分為 0：\frac{\mathrm{dMSE}}{\mathrm{d}a} = \frac{1}{N} \sum_{i=1}^{N} 2i(ai - N) = 0$$

$$得到參數：a = \frac{3N}{2N + 1}$$

$$當 N 趨於無窮大時：a = \frac{3}{2}$$

$$所以 \hat{N} = \frac{3}{2} \times 60 = 90。$$

當坦克總數 N 比較大時，近似看作無窮大，相乘的因子 a 近似為 3/2，由此可將 N 的估計值從 60 調節到：N（均方誤差最小）= 60×3/2 = 90。

最後，還得考慮樣本的無偏性。如果 $N = 60$ 的話，這個樣本太不符合「無偏」的條件了，既然每一輛坦克被發現的機率都是一樣的，憑什麼盟軍截獲了一輛坦克就截到了最後生產的那一輛呢？這聽起來太奇怪了；$N = 90$ 也不符合無偏，最符合無偏條件的就是截獲的是序號為中間的那一輛，它的序號使得樣本序號的平均值等於整體所有樣本序號的平均值。也就是說，無偏的 N 被估計為 60 的兩倍，N（無偏）= 120。

真不愧為數學家，僅僅截獲到 1 輛坦克，統計學家就有這麼多的考慮，如果截獲了更多呢？我們可以將問題一般化，以上頻率學派的思考方式也可以推廣到一般的情況：

第 2 章　趣談貝氏學派

一般問題：盟軍發現了 k 輛坦克，序號分別為 i_1，$\cdots$，i_k，最大的序號是 m，估計總數 N。

頻率學派的答案：$N = m +$（$m - k$）$/k$。比如說，盟軍發現了 5 輛坦克，其序列號分別為 215、90、256、248、60，因此，$k = 5$，$m = 256$。從以上頻率學派的公式得到，坦克未知的總數 $N = 256 +$（$256 - 5$）$/5 = 306$。

貝氏學派的估算方法比頻率學派的方法更為有趣。貝氏學派的思想是：未知欲求的生產量 N 是一個服從某種機率分布的隨機變數。隨著數據樣本的增加，N 的機率分布函數不斷被更新，貝氏推論描述這個更新的過程。

以剛才截獲 5 輛坦克的具體數據為例，來說明貝氏學派的推論過程。假設盟軍截獲的第一輛坦克序列號是 215，從前面對頻率派方法最開始的一段分析可知，對應這 1 個樣本，N 可能是從 215 開始的任何整數。但是，N 值越大，機率越小。我們暫時忽略 N 值大於 1,000 的情況，可以畫出 N 的機率分布是類似於圖 2-7-1 的曲線。不同的是曲線的起始點，圖 2-7-1 中的曲線參數 $N = 60$，這裡的參數 $N = 215$，見圖 2-7-2（a）中最大值在 $N = 215$ 處的「序列號 215 分布」曲線。

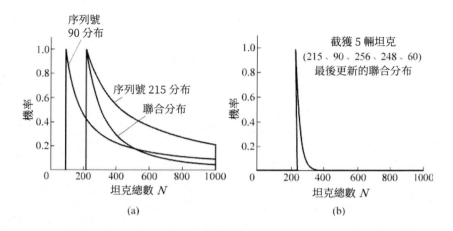

圖 2-7-2　貝氏推論解決德國坦克問題
（a）截獲序列號 215 和 90 預測 N 的機率分布；（b）截獲 5 輛坦克後預測的
聯合分布

　　現在，我們加上第二輛坦克的訊息：序列號 90。因為 90 小
於 215，它的出現並不改變概似函數的最大值，但是它卻對 N
的分布曲線有所影響，兩個變數的聯合分布曲線表示在圖 2-7-2
（a）中。由圖可見，序列號 90 的數據使得機率分布曲線變得更
尖銳，說明 N 的較大數值出現的機率大大降低。

　　如果再加上後面 3 個樣本：序列號 256、248、60，5 個樣
本的聯合分布變得更為尖銳，峰值是 256，N = 400 ～ 1,000 的
機率已經幾乎為 0，可以忽略不計（圖 2-7-2（b））。

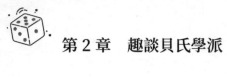

第 2 章　趣談貝氏學派

第 3 章
趣談隨機過程

　　透過前面的內容，我們知道了世界上有兩類變數：確定變數和隨機變數。確定變數遵循經典的物理規律：牛頓力學或馬克士威方程式。經典物理學中有靜力學和動力學之分，建築物需要用到靜力學，而汽車行駛、火箭上天，就得遵循與時間演化有關的動力學規律。比如單粒子系統中粒子在三維空間運動的軌跡 $x(t)$，是牛頓第二定律所決定的與時間有關的運動方程式的解。電磁波遵循的規律是馬克士威方程式的解。

　　前面兩章中所介紹的隨機變數的機率性質，都尚未涉及時間的概念，如果隨機變數隨時間而動起來，便成為「隨機過程」。

　　經典物理處理的是固定變數的系統隨時間演化的過程。與此類似，隨機過程也有它的運動規律。不同的是，對隨機過程而言，其變數不是我們常見的如空間位置 $x(t)$，電磁場 E、B 之類的變數，而是取值不確定的隨機變數。這點使得隨機過程相比於「不隨機的過程」更難以處理。但是，隨機過程在日常生活中隨處可見，它們遵循何種物理規律呢？這是我們本章將介紹的內容。下面就列舉數例予以說明。

馬可夫鏈

　　仍然以擲硬幣為例。每擲一次硬幣，便產生一個隨機變數 X，那麼我們一次又一次地擲下去，便產生出一系列隨機變數 X_1，X_2，…，X_i，…。一般而言，數學家們將一系列隨機變數的集合，稱之為「隨機過程」。

　　隨機過程中的隨機變數 X_i，在上例中是第 i 次擲丟硬幣的結果，也可以理解為時間 i 的「函數」，這也就是稱其為「過程」的原因。時間離散的過程，有時也被稱為「鏈」。

　　擲一次硬幣產生一個取值為 1 或 0 的隨機變數 X，接連擲下去產生的（取值 1 或 0）一系列隨機變數的集合，被稱為伯努利過程。

　　伯努利過程也不僅僅用以描述拋硬幣的隨機過程，擲骰子也可包括在內，可推廣到任何由互相獨立的隨機變數組成的集合。換言之，伯努利過程是一個離散時間、離散取值的隨機過程。隨機變數的樣本空間只有兩個取值：成功（1），或失敗（0），成功的機率為 p。例如，擲一個 6 面對稱的骰子，如果將「3」出現的機率定為成功的話，則多次擲骰子的結果是一個 $p = 1/6$ 的伯努利過程。

・什麼是馬可夫鏈

　　雖然多次拋硬幣也構成隨機過程（如上述的伯努利過程），但這種過程比較乏味，因為每次拋的結果都是互相獨立

的，且正反兩面的機率永遠相同（50%，50%）。即使推廣到擲骰子，每一個面出現的機率不是 50% 了，但仍然是一個固定的數值：1/6。並且，每一次的「拋硬幣」或「擲骰子」都是各自獨立、互不依賴的，這種獨立性是構成之前所介紹的「賭徒謬誤」之所以是「謬誤」的基礎。

然而，事實上在自然界以及社會中存在的隨機變數之間，往往存在著互相依賴的關係。比如說，考慮明天臺北下雨或晴天的可能性，不一定是與拋硬幣那樣各有一半的機率，並且一般來說還與臺北今天、昨天、前天……或者好多天之前的氣候狀況有關。

如果我們不考慮得太複雜，假設明天下雨機率只與今天的天氣有關的話，便可以用一個如圖 3-1-1（a）的簡單圖形來描述。圖 3-1-1 中表示的氣候模型只有簡單的「雨」和「晴」兩種狀態，兩態之間被數條帶箭頭的曲線連接，這些連線表示如何從今天的天氣狀態預測明天的天氣狀態。比如說，從圖 3-1-1（a）中的狀態「雨」出發有兩條連線：結束於狀態「晴」的那一條標上了「0.6」，意思是說：「今天有雨、明天天晴的機率是 60%」；左邊曲線繞了一圈又返回「雨」，標示 0.4，即「明天繼續下雨的機率是40%」。可以類似地理解從狀態「晴」出發的兩條曲線：如果今天晴，那麼明天有 80% 的可能性晴，20% 的可能性下雨。隨機過程中所有可能狀態之集合（雨、晴）構成隨機過程的「狀態空間」。

第 3 章　趣談隨機過程

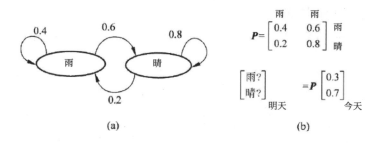

(a)　　　　　　　　　　　(b)

圖 3-1-1　典型的馬可夫過程（簡單氣象模型）
(a) 圖形表示；(b) 矩陣表示

　　上述例子是一個典型的最簡單的馬可夫鏈，以隨機過程開創者、俄羅斯數學家安德烈‧馬可夫（Andreyevich Markov, 1856 ~ 1922）得名。

　　馬可夫鏈是具有馬可夫性質的離散隨機過程，序列參數和狀態空間都是離散的。所謂馬可夫性質，也被稱為「無記憶性」或「無後效性」，即下一狀態的機率分布只由當前狀態決定，與過去的事件無關。像前面所舉氣象的例子中，明天「晴」或「雨」的機率只與今天的狀態有關，與昨天之前的氣候歷史無關。除了用圖形來表示馬可夫鏈之外，上述例子中明天和今天「雨晴」機率的關係也可以用圖 3-1-1 (b) 的矩陣 P 來描述，稱之為轉換矩陣。矩陣或圖像中的幾個數值，表示系統演化「一步」後，即今天到明天的狀態之間的轉移機率。當 P 表示轉換矩陣時，狀態便是一個向量。比如說，圖 3-1-1 (b) 中，今天的狀態被表示為一個份量為 0.3 和 0.7 的向量，意思是

說，今天下雨的機率為 30%，天晴的機率為 70%，明天的狀態則由 P 乘以今天的狀態而得到。

　　轉移機率不隨時間而變化的馬可夫過程叫做時齊（時間齊次）馬可夫過程。比如說，如圖 3-1-2 所示，假設臺北每天天氣的「晴雨」狀態都由前一天的狀態乘以同樣的轉換矩陣 P 而得到，那就是一個時齊馬可夫鏈。通常考慮的馬可夫過程，都被假定是「時齊」的。

· 極限機率分布（以股票市場模型為例）

　　給定了系統的初始狀態 X_0 和轉移矩陣 P，便可以逐次求得馬可夫鏈中之後每一個時刻的狀態：$X_1, X_2, \cdots, X_i$，有時候，人們感興趣於那種長時間後逐漸趨於穩定狀態的馬可夫過程。與級數序列逼近收斂到某個極限值類似，馬可夫鏈最後也可能逼近某一個與初始狀態無關的極限機率分布狀態，稱之為穩態。下面以一個簡單的股票市場馬可夫模型為例解釋這點。

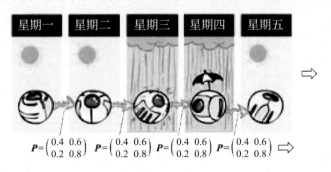

圖 3-1-2　時齊馬可夫鏈

假設一週內的股票市場只用簡單的 3 種狀態表示：牛市、熊市、停滯不前。其轉移機率如圖 3-1-3 所示。

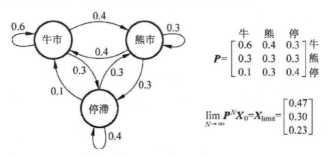

圖 3-1-3　極限機率分布（股票市場例子）

　　當時間足夠大的時候，這個馬可夫鏈產生的一系列隨機狀態趨向一個極限向量，即圖 3-1-3 中右下角所示的向量。這個向量 $X_{limit} = [0.47，0.3，0.23]$ 描述的狀態是系統最後的穩態，是系統的極限，稱為穩態分布向量。

　　在股票市場的例子中，存在穩態分布向量意味著：按照這個特例中的模型，長遠的市場趨勢趨於穩定。即任何一週的股票情況都是，47% 的機率是牛市，30% 的機率是熊市，23% 的機率是停滯不前。

醉漢漫步的數學

　　想像在紐約曼哈頓的東西南北格點化的街道中有一個醉漢，他每次從當時所在的交叉路口選擇一條街，也就是隨機選

擇了 4 個方向之一，然後往前走，走到下一個路口又隨機選擇一次……如此繼續下去，他走的路徑會具有什麼樣的特點呢？

上述問題被稱為「醉漢漫步」，數學家們將醉漢的路徑抽象化為一個數學模型：隨機漫步，或稱隨機遊走（random walk）。曼哈頓的醉漢只能在二維的城市地面上游蕩，因此是一種「二維隨機漫步」，見圖 3-2-1。

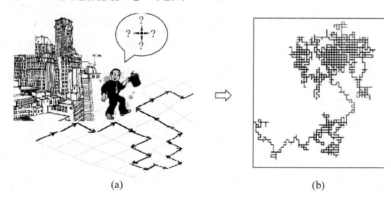

(a)　　　　　　　　　(b)

圖 3-2-1　醉漢漫步和二維隨機漫步路徑

隨機漫步可以看作是馬可夫鏈的特例，它的狀態空間不是像上述拋硬幣等例子中那種由簡單的幾種有限可數個基本狀態構成。比如說，拋硬幣的狀態空間由「正、反」兩種基本狀態構成；簡單氣象模型的狀態空間也只有「雨、晴」兩種基本狀態；擲骰子的狀態空間有「1、2、3、4、5、6」6 種狀態；股票市場由「牛市、熊市、停滯」3 種基本狀態構成。除此之外，隨機過程的狀態空間可以由無限延伸的「物理空間」構

成，這裡的「空間」可以是一、二、三維的，也可以擴展到更高維。現實世界中很多過程可以用該類型過程來模擬，如液體中微粒所做的布朗運動、擴散現象，鳥兒在空中的隨意飛行，河裡魚兒漫遊，池塘中青蛙跳躍，傳染病在人群中（或動物界）的傳播等等。此外，狀態空間可以是連續的，也可以是離散的。隨機漫步是離散狀態空間中一類特殊的馬可夫鏈。

　　為什麼說醉漢漫步是馬可夫鏈呢？因為醉漢在時刻 t_{i+1} 的狀態（即位置），僅僅由他在時刻 ti 的狀態 (x_i , y_i)，以及他隨機選擇的方向所決定，與過去（t_i 之前）走過的路徑無關。現在討論一個一維空間「醉漢掉下懸崖」的趣題。

　　事實上，第 1 章中作為常態分布的實驗而介紹的高爾頓板，也可看作是馬可夫鏈的例子。考慮某個小球向下掉的運動，它在每一步碰到釘子後，左移和右移的機率均為 50%（或者一般而言，左右機率各為 p、q），使得它的水平位置隨機地加 1 或減 1。高爾頓板雖然看似是一個二維空間，但因為小球在垂直方向的運動並不是隨機的而是固定地向下 1 格，所以可以作為一個水平方向一維隨機漫步的例子。將垂直方向的運動視為時間的流逝。

　　可以將高爾頓板如圖 3-2-2（a）那樣改造一下，用以研究一維的醉漢漫步問題。釘板的水平方向設置為 x 軸，釘板左邊某處（圖 3-2-2（a）中的虛線）為懸崖（設 $x = 0$）。假設醉漢（釘板頂端的小球）起始時位於 $x = n$ 的格點位置，即離懸

崖有 n 格之遙。醉漢朝下漫步過程中的每一步，向右（x 增大）的機率為 p，向左的機率則為 $1 - p$。現在問：醉漢漫步掉下懸崖的機率是多少？

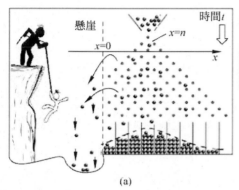

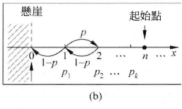

圖 3-2-2　醉漢掉下懸崖問題
從（a）高爾頓板到（b）一維醉漢漫步

　　因為懸崖的位置在 $x = 0$ 處，所對應隨機變數 x 的值為 0，即到達格點 $x = 0$ 處，可作為醉漢掉下了懸崖的判據。我們首先將上面的問題用具體數值最簡化，比如說，假設醉漢漫步時向右走的機率為 $p = 2/3$，向左走的機率為 $q = 1 - p = 1/3$。那麼，最簡化的問題是：醉漢從 $x = 1$ 的位置開始漫遊、掉下懸崖的機率是多少？

　　也許有人會很快就得出答案：醉漢從 $x = 1$ 向左走一步就到了懸崖，而他向左走的機率為 $1/3$，那麼他掉下懸崖的機率不就是 $1/3$ 嗎？仔細一想就明白事情不是那麼簡單。$1/3$ 是醉漢的第

一步向左走掉下懸崖的機率，但他第一步向右走仍然有可能掉下懸崖。比如說，向右走一步之後又再向左走兩步，不也一樣到達 $x = 0$ 的格點而掉入懸崖嗎？所以，掉下懸崖的總機率比 1/3 要大，要加上第一步向右走到了 $x = 2$ 的點但後來仍然掉下懸崖的機率。

為了更清楚地分析這個問題，我們將醉漢從 $x = 1$ 處漫步到 $x = 0$ 處的機率記為 P_1。這個機率顯然就是剛才簡化問題中要求解的：從 $x = 1$ 處開始漫步掉入懸崖的機率。同時，從這個問題的平移對稱性考慮，P_1 也是醉漢從任何 $x = k$ 左移一個格點，漫步（不管多少步）到達 $x = k - 1$ 格點位置的機率。有一點需要提醒讀者注意：醉漢走一步，與他的格點位置移動一格是兩碼子事，格點位置從 $x = k$ 左移到 $x = k - 1$，也許要走好幾步，見圖 3-2-2（b）。

除了 P_1 之外，將從 $x = 2$ 處開始漫步掉入懸崖的機率記為 $P_2 = P_1^2$，x $= 3$ 處的機率記為 $P_3 = P_1^3$…然後，如剛才所分析的，對 P_1 可以列出一個等式：$P_1 = 1 - p + pP_1^2$，由此可以解出 $P_1 = 1$ 或者 $P_1 = (1 - p) / p$。因此，對這個問題有意義的解是 $P_1 = (1 - p) / p$，$P_n = P_1^n$。

當 $p = 1/2$ 時，$P_1 = 1$，意味著醉漢最終一定會掉下懸崖。當 $p < 1/2$ 時，$P_1 > 1$，P_n 也一樣，但機率最多只能為 1。記住 p 是醉漢朝懸崖反方向遊走的機率，所以如果醉漢朝懸崖反方向走的機率不足 1/2 的話，無論他開始時距離懸崖多遠，醉

漢是肯定要掉下懸崖的。

如果 $p = 2/3$，算出 $P_1 = 1/2$，$P_n = (1/2)^n$，n 越大，即醉漢初始位置離懸崖越遠，失足的可能性便越小。

賭徒破產及鳥兒回家

隨機漫步模型的應用範圍很廣，醉漢漫步失足懸崖的問題也有許多不同的故事版本，但描述它的數學模型基本一致。比如說，賭徒破產問題就是其中一例。說的是有賭徒在賭場賭博，贏的機率是 p，輸的機率是 $1 - p$，每次的賭注為 1 元。假設賭徒最開始時有賭金 n 元，贏了賭金加 1 元，輸了賭金減 1 元。問賭徒輸光的機率是多少？

這個問題與上面解決的醉漢漫步問題的數學模型完全一樣，賭金的數目對應於醉漢漫步中的一維距離 x，懸崖位置 $x = 0$ 便對應於賭金輸光，賭徒破產。從上面分析可知，即使 $p = 1/2$，醉漢也必定掉下懸崖。賭徒問題中贏的機率 $p = 1/2$ 對應於公平交易，但事實上賭徒與賭場贏的機率比是（49：51）。即便是公平交易，與醉漢類似，賭徒最終仍然破產，無論你最初有多少賭金，因為你的賭本畢竟是有限的，而你的博弈對手（賭場）理論上而言擁有無限多的賭本。

醉漢漫步（或賭徒破產）問題還可以稍加變換，構成一些新型的趣題。比如說，假設醉漢的路上兩邊都有懸崖，計算分

別掉到兩邊懸崖的機率；賭博問題上，便相當於兩個賭徒 A 和
B 賭博，看誰先輸光。有一個「網球比賽的輸贏問題」，也是基
於類似的數學模型。也可以假設醉漢的路上根本沒有懸崖，且
路的兩頭都可以無限延伸。醉漢從自家門口出發，要你計算，
醉漢出去漫遊之後，最後還能夠回到家的機率等於多少？

　　上面的所有例子，涉及的都是最簡單的一維隨機漫步問
題。從一維可以擴展到二維、三維乃至更多的維數。但是，有
時候並非簡單的擴展，比如上面那個「醉漢回家」的問題，空
間維數不一樣的時候，答案卻大不一樣。

　　首先看看一維的情況：醉漢隨機遊走在長度無限的路上，
時左時右，但只要時間足夠長，他最終總能回到出發點。因
此，回家的機率是 100%。二維的情形也類似，相當於醉漢從家
裡出發，遊走在街道呈方格網格狀分布（設想為無限大）的城
市裡，他每走到一個十字路口，便機率均等地從 4 個方向（包
括來的方向）中選擇一條路（圖 3-2-1（a））。和一維的情
況類似，只要時間足夠長，這個醉鬼總能回到家，機率仍然是
100%。

　　有一個頗為著名的美籍匈牙利猶太裔數學家波利亞
（George Pólya, 1887 ～ 1985）認真研究了這個「醉漢能否回
家」的問題，剛才所說的在一維、二維情況醉漢回家機率等於
100%，便是被他在 1921 年證明的。波利亞「二戰」時移民美
國，後來是史丹佛大學的教授。

「醉漢能否回家」問題的一維、二維答案不足為奇,波利亞令人吃驚的貢獻是證明了這個問題在維數更高的情況下,醉漢回家的機率大大小於 100%!比如說,在三維網格中隨機遊走,最終能回到出發點的機率只有 34%。

醉漢不可能在空中遊走,鳥兒的活動空間才是三維的,因此美國日裔數學家角谷靜夫(Shizuo Kakutani, 1911～2004)將波利亞定理用一句通俗又十分風趣的語言來總結:喝醉的醉漢總能找到回家的路,喝醉的小鳥則可能永遠也回不了家。(圖 3-3-1)

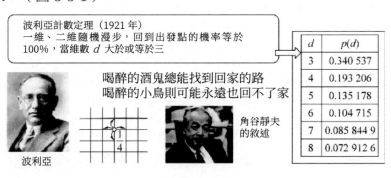

圖 3-3-1 「醉漢、小鳥回家」定理

隨機漫步也是物理學中布朗運動的數學模型,欲知詳情,且聽下回分解。

微粒的「醉漢漫步」—— 布朗運動

　　機率及隨機過程的數學模型，被廣泛地應用到包括金融、氣象、物理、訊息及電腦等各門學科在內的研究中。在此基礎上，波茲曼、馬克士威、吉布斯等物理學家們建立了統計力學，維納及夏農等人建立了資訊論。布朗運動是隨機過程的典型事例，並由此而促進了統計物理及其他相應學科的發展。

・ 布朗運動的研究歷史

　　1905 年是愛因斯坦的奇蹟年，這位 26 歲的伯爾尼專利局小職員發表了 5 篇論文，箭箭中的、篇篇驚人，為現代物理學的 3 個不同領域做出了劃時代的貢獻：光電效應開創量子時代，狹義相對論顛覆經典時空觀，對布朗運動的研究促進了分子論的發展。

　　在這 3 項成就中，人們通常低估了愛因斯坦研究的布朗運動，就連他本人也是如此，經常提及前兩項而忽略後者。但現在回頭看那段歷史，當年愛因斯坦有關布朗運動的論文（包括他的博士論文），對現代物理學的貢獻絲毫不遜色於其他兩篇。據說查詢愛因斯坦文章被引用的次數：最多的是 EPR 悖論，第二位便是布朗運動，然後才是光電效應及相對論。

　　羅伯特・布朗（Robert Brown, 1773 ～ 1858）在 1826 年用顯微鏡觀察發現，懸浮在水中的花粉微粒不停地做不規則的

運動。一些學者以為那是某種生命現象，但後來發現液體或氣體中各種不同的與生物毫不相干的懸浮微粒，都存在這種無規則運動。直到 1870 年代末，才有人提出這種運動的原因並非外界而是出自液體自身，是微小顆粒因為受到周圍分子的不平衡碰撞而導致的運動（圖 3-4-1）。

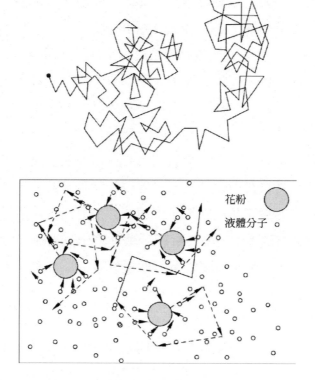

圖 3-4-1　布朗運動的雜亂軌跡及其成因

第 3 章　趣談隨機過程

今天我們把原子和分子的結構當作理所當然，在 100 年到 200 年前卻不是這樣的。儘管道爾頓（John Dalton, 1766 ～ 1844）於 1808 年在他的書中就描述了他想像中物質的原子、分子結構，但是這種在當時看不見摸不著的東西有多少人會相信呢？一直到道爾頓之後的八九十年，著名的奧地利物理學家路德維希‧波茲曼（Boltzmann, 1844 ～ 1906）還在為捍衛原子理論與「唯能論」的代表人物相爭。

在 1870 年代，波茲曼超前地用分子運動來解釋熱力學系統的宏觀現象。科學天才的性格往往都具有互為矛盾的兩方面，波茲曼也是如此，他有時表現得極為幽默，給學生講課時生動形象、妙語連珠，但在內心深處又似乎自傲與自卑混雜，經常情緒波動起伏不定，類似躁鬱症患者。以波茲曼為代表的原子論支持者認為物質由分子、原子組成，而唯能論者則把能量看作是最基本的實體並視為世界本原。波茲曼有傑出的口才，但提出唯能論的德國化學家奧斯特瓦爾德（Friedrich　Ostwald, 1853 ～ 1932）也非等閒之輩，他機敏過人、應答如流，且有在科學界頗具影響力卻又堅絕不相信「原子」的恩斯特‧馬赫（Ernst Mach, 1838 ～ 1916）作後盾。原子論的支持者看起來寥寥無幾，並且大多數都不積極參加辯論。因此，波茲曼認為自己是在孤軍奮戰，精神痛苦悶悶不樂。雖然在這場曠日持久的爭論中，波茲曼最終取勝，卻感覺元氣大傷，最後走上了絕路。

原子論的反對者們當年常用的一句話是：「你見過一個真實的原子嗎？」因此，大多數物理學家試圖用更多的實驗事實來證明原子的存在。1900 年，奧地利物理學家埃克斯納（Felix Exner-Ewarten, 1876～1930）反覆測定了布朗微粒在 1 分鐘內的位移，證實了微粒的速度隨粒度增大而降低，隨溫度升高而增加，由此將布朗運動與液體分子的熱運動聯繫起來。這下好了，雖然分子、原子太小看不見，但它們所導致的布朗運動看得見！愛因斯坦接受了這種將布朗運動歸結為液體分子撞擊結果的理論，並希望透過分析布朗運動，做出定量的理論描述，以證明原子和分子在液體中真正存在，這是促使愛因斯坦研究布朗運動的動力。

· 布朗運動和分子熱物理

假設布朗運動是因為液體分子對懸浮粒子的碰撞造成的，懸浮粒子的運動便反映了液體或氣體分子的運動。分子的尺寸太小，不可能在當時的實驗條件下被直接觀察到，但尺寸比分子大得多的布朗粒子的運動卻能在顯微鏡下被觀察到。此外，雖然原子、分子論在當時仍然疑雲重重，但科學家們已經為這個假說做了大量的工作。比如在分子動力理論方面，有克勞修斯（Rudolf Clausius, 1822～1888）、馬克士威（James Maxwell, 1831～1879）及波茲曼等人剛剛開始建立的統計力學；在熱力學及化學領域中，亞佛加厥常數、波茲曼常數等已經被發現和使用；特別

是後來發現的有關分子運動的馬克士威 —— 波茲曼速度分布，是物理學史上第一個機率統計定律，它解釋了包括壓強和擴散在內的許多基本氣體性質，形成了分子運動論的基礎。

　　液體內大量分子不停地做雜亂的運動，不斷地從四面八方撞擊懸浮的顆粒，在任意一個瞬間，每秒每個顆粒受到周圍分子約有 10^{21} 次的碰撞。如此頻繁的碰撞，造成了布朗粒子的無規則運動，這種大量質點的運動不太可能靠經典的適用於單粒子體系的牛頓定律來解決，必須使用統計和機率的方法，計算小顆粒集體的平均運動。

　　現實中的布朗運動是發生在三維空間的，但作為數學模型，不妨研究最簡單的一維情形。圖 3-4-2 所示便是一維布朗微粒的位置 x 隨時間變化形成的軌跡。假設在初始時間 $t = 0$ 時，所有的小顆粒都集中在 $x = 0$ 的點，然後由於液體分子的碰撞，顆粒便隨機地向 x 的正負方向移動，其圖景類似於一滴墨汁滴入水中後的擴散現象。如果你把視線集中在某一顆粒上，就可以看到這個顆粒的運動方向在不斷改變，不斷地做雜亂無規的跳躍。但作為整體來看，有些顆粒往上，有些顆粒往下，由於對稱性的原因，往 x 的正負兩個方向運動的機率是相等的，因此所有顆粒的正負位移抵消了，平均值仍然為 0。從圖 3-4-2 可見，平均位移為 0 不等於靜止不動，對每個具體粒子而言，一直都在不停地運動，並且隨著時間增大，運動軌跡的「包絡」離「0」點越來越遠，也就是說，整體看起來越來越發散。

那麼，如何描述這種集體的擴散運動呢？位移的平均值為 0 是
因為正負效應抵消了，如果將位移求平方之後再求平均，便不
會互相抵消了，可用以衡量顆粒運動的集體行為，這便是愛因
斯坦當年用以研究布朗運動的「均方位移」。事實上，均方位
移不僅可以描述布朗粒子的集體行為，也可以描述單個微粒長
時間隨機運動的統計效應。

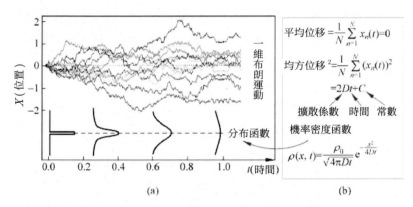

圖 3-4-2　一維布朗運動的分布函數隨時間變化

　　愛因斯坦依據分子運動論的原理導出了均方位移與時間平
方根的正比關係，見圖 3-4-2（b）中的公式，其中的比例常數
D 被稱為擴散係數，表明做布朗運動的微粒擴散的速率。愛因
斯坦的理論圓滿地回答了布朗運動的本質問題，還得出了分子
運動論中重要的愛因斯坦 —— 斯莫盧霍夫斯基關係（第二個
名字來自於另一位獨立研究布朗運動的波蘭物理學家（Marian
Smoluchowski, 1872 ～ 1917）），該公式將透過布朗運動宏

觀可測的擴散係數 D 與分子運動的微觀參數聯繫起來：$D = \mu_p k_B T$。其中 μ_p 是粒子的遷移率，k_B 是波茲曼常數，T 是絕對溫度。擴散係數可以更進一步與亞佛加厥常數聯繫起來：$D = RT/(6\pi\eta N_A r)$。這裡的 R 是氣體常數，T 為溫度，η 是介質黏度，N_A 是亞佛加厥常數，r 是布朗粒子的半徑。之後，法國物理學家尚・佩蘭（Jean Perrin, 1870 ～ 1942）於 1908 年用實驗測試了亞佛加厥常數，在證實了愛因斯坦理論的同時，也驗證了分子和原子真實存在，為分子的真實存在提供了一個直觀的、令人信服的證據，佩蘭因此而榮獲 1926 年諾貝爾物理學獎。

・ 布朗運動和隨機漫步

愛因斯坦是將機率統計的數學觀念，用以研究布朗運動的第一人，其目的是為了探索布朗運動中隱藏著的深奧的物理本質。為布朗運動建立嚴格數學模型的，是著名的控制論創立者，美國應用數學家諾伯特・維納（Norbert Wiener, 1894 ～ 1964）。因此，布朗運動在數學上被稱為維納過程。

維納是生於美國的猶太人，他本就是一個早熟神童，又被父親以自己獨特的方式按照他心目中的神童標準來進行他的「教育實驗」，因而維納從青少年時代開始便是一個引人注目的科學明星。他 18 歲獲得哈佛大學的博士學位，之後到歐洲又得到不少名師的指導，其中包括數學家哈代（Godfrey Hardy, 1877 ～ 1947）、哲學家兼數學家羅素（Bertrand Russell,

1872～1970）、大數學家希爾伯特（David Hilbert, 1862～1943）等人。維納 21 歲時被哈佛大學聘用回到美國。不過，維納外表不如內心那麼機敏，動手能力極差，大塊頭的魁梧身軀甚至使他顯得有點笨拙。他還有一個致命弱點是高度近視，據說後來在麻省理工學院工作時，維納的視力差到連走路都必須摸著牆壁。此外，他雖然知識淵博，但講課時經常心不在焉，因而在師生中笑話頻傳。這些因素使得這個少年天才的成長之路坎坷不平，經多次失業後好不容易在麻省理工學院找到了一個教職，才真正開始了他的學術研究生涯。

由於在二戰時從事槍炮控制方面的工作，由此引發了維納進行資訊理論和反饋的研究，加之他從小對生物學的興趣，造就了這位資訊論先驅及控制論之父。他的著名著作《控制論：或關於在動物和機器中控制和通信的科學》一書，促成了控制論的誕生。

機率和統計看似簡單，卻是個「傷人」的研究課題，它引發的無休止的辯論使波茲曼精神煩躁而自殺。後來，波茲曼的學生，同樣研究統計力學的荷蘭物理學家保羅·埃倫費斯特（Paul Ehrenfest, 1880～1933），也於 1933 年 9 月 25 日飲彈自盡。維納也頗具神經質性格，曾經有過比波茲曼還嚴重的躁鬱症，多次產生過自殺的念頭，不過還好精神幻覺終究並未成為現實，維納於 69 歲在瑞典講課時因心臟病突發而逝世。

正是在麻省理工學院時，維納仔細、深入地從數學上分

第 3 章　趣談隨機過程

析、研究了理想化的布朗運動，即維納過程，發現了在電子線路中電流的一種類似於布朗運動的不規則「散粒效應」。這個問題在維納的時代尚未成為電子線路的障礙，但在 20 年後成為電氣工程師的一個必不可少的工具，因為當電流被放大到某一倍數時，就顯示出明顯的散粒隨機雜訊，有了維納過程的數學模型，工程師們才能找到適當的辦法來避免它。

通訊和控制系統所接收的訊息帶有某種隨機的性質，維納的控制論也是建立在統計理論的基礎上。

從原點出發的維納過程 $W(t)$（$W(0) = 0$）有如下幾點性質（圖 3-4-3（b））：

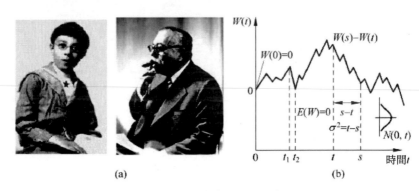

圖 3-4-3　維納和布朗運動
（a）維納；（b）維納過程

1. 是隨機漫步的極限過程：維納過程是隨機漫步（或稱隨機遊走）的極限過程。通俗地說，隨機漫步是按照空間格點一格一格地走，假設格點間距離為 d，維納過程則是 d 趨於

0 時隨機漫步過程的極限。

2. 是齊次的獨立增量過程：在每一個時刻 t，隨機變數 $W(t)$ 符合常態分布 $N(0, t)$，增量函數（$W(t) - W(s)$）也是隨機變數，符合常態分布 $N(0, t-s)$，即期望值為 0，方差 $\sigma2 = t-s$。增量的分布只與時間差有關，與時間間隔的起始點 s 無關，此謂「齊次」。任意一個時間區間上的機率分布獨立於其他時間區間上的機率分布，此謂「獨立」。

3. 是馬可夫過程：該過程的未來狀態只依賴於當前的隨機變數值 $W(t)$。

4. 是「鞅」過程（martingale）：已知本次和過去的所有觀測值，則下一次觀測值的條件期望等於本次觀測值。或者說：當前的狀態是未來的最佳估計。

5. 函數 $W(t)$ 關於 t 處處連續，處處不可微。這個結論看起來與圖 3-4-3 中所畫的不一樣，圖中的時間間隔太大，但是理論上格點距離 d 逼近於 0。

6. 與隨機漫步一樣，一維和二維的維納過程是常返的，也就是說幾乎一定會回到起始的原點。當維度高於或等於三維時，維納過程不再是常返的。如同數學家角谷靜夫的總結：「醉鬼總能找到回家的路，喝醉的小鳥則可能永遠也回不了家。」

7. 是一種分形：與格點距離為 d 的有限的隨機漫步不同的是，維納過程擁有尺度不變性，具有分形特徵。

麥穗問題和博士相親

　　蘇格拉底和他的學生柏拉圖都是古希臘著名的哲學家。一天，柏拉圖問蘇格拉底：什麼是愛情？蘇格拉底叫他到麥田走一趟，目標是要摘回一棵最大、最好的麥穗，但只可以摘一次，並且不許回頭，路徑不能重複。柏拉圖以為很容易，但最後卻空手而歸，原因是他在途中看到很不錯的，卻總希望後面有更好的，使得最終錯失所有的良機。蘇格拉底告訴他：這就是愛情！之後又有一天，柏拉圖問蘇格拉底：什麼是婚姻？蘇格拉底叫他到樹林走一次，爭取帶回一根最好的樹枝，照樣只摘一次且不許回頭。最後柏拉圖拖了一棵品質中等的樹枝回來，原因是他接受了上次的教訓，走了半途之後看到「差不多」的樹就做決定了！蘇格拉底說：這就是婚姻。

　　兩位哲學家用麥穗和樹枝問題來形象地比喻了愛情和婚姻的不同：前者是錯過了的美好，後者是人生旅途中權衡之後某個時候的抉擇。人文學者及大眾都為這段頗富哲理的名人小故事津津樂道，但數學家們卻從完全不同的、機率及統計的角度來解讀它。

　　麥穗問題雖然很普通，但也連得上看似高深的「隨機過程」。每棵麥穗的大小都可以看作是隨機的，因此當柏拉圖在麥田中走一圈時，碰到一個又一個排成序列的隨機變數，這不就是一個隨機過程嗎？

加以數學抽象之後的麥穗問題，等效於機率及博弈論中著名的祕書問題。它還有多種變換版本：未婚夫問題、止步策略、蘇丹嫁妝問題等等。下面我們用「傻博士相親」的故事來敘述它。並藉機介紹如何將微積分的基本概念用於分析隨機過程。

　　且說幾年前有一位外號「傻博士」的學者，精通數學，小有成就，唯有一大難題尚未解決：將近 40 歲還沒有交上女朋友。於是，那年他奉母命相親，據說半個月之內來了 100 名佳麗。後來，這位傻博士經過嚴格的數學論證，採用了一種他認為的「最佳策略」，終於百裡挑一，贏得美人歸。

　　這裡還需加上一段話，描述傻博士母親設定的條件。母親要求他在 15 天之內，要對這 100 位佳麗一個個面試，每位佳麗只能見一次面，面試一個佳麗之後立即給出「不要」或「要」的答案。如果「不要」，則以後再無機會面試該女子；如果答案是「要」，則意味著博士選中了這位女子，相親過程便到此結束。

　　看到這裡，你也許已經能領會到這個「博士相親」與「麥穗問題」本質上是一致的了。那麼，對於母親這種「見好就收，一錘定音」的要求，傻博士的「最佳策略」又是怎麼樣的呢？

　　既然是「最佳」，那應該用得上微積分中的最佳化、求極值的技巧吧。果然如此！我們首先看看，傻博士是如何建造這個問題的數學模型的。

這看起來是個機率的問題。假設，按照傻博士對女孩的標準，他將 100 個女孩做了一個排行榜，從 1 到 100 編上號，「#1」是最好的，然後「#2」、「#3」……當然，傻博士並不知道當時每一次面試的女孩是多少號。這些號碼隨機地分布在傻博士安排的另一個面試序列（1，2，3，…，r，…，i，…，n）中，見圖 3-5-1。傻博士的目的就是要尋找一種策略，使得這「一錘定音」定在「#1」的機率最高。

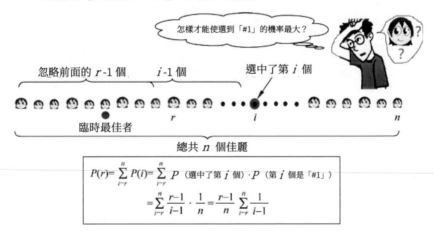

圖 3-5-1　傻博士相親的最佳策略

　　設想一下，傻博士可以有好多種方法做這件事。比如說，他可以想得簡單一點，預先隨意認定一個數字 r（比如將 r 固定為等於 20），當他面試到第 r 個人的時候，就定下來算了。這時候，因為 r 是 100 中挑出來的任意一個，所以，這個人是「#1」的機率應該是 1/100。這種簡單策略的機率很小，傻博士

覺得太吃虧。比如說，當他面試到第 20 個人時，如果看到的是個醜八怪（或者瘋女子）也就這麼定下來嗎？顯然這不是一個好辦法。那麼，將上面的方法做點修正吧：仍然選擇一個數字（比如 $r = 20$），但這次的策略是：他從第 20 個人開始認真考察，將後面的面試者與前面面試過的所有人加以比較。比如說，如果傻博士覺得這第 20 個面試者比前面 19 個人都好，那便可以「見好就收」。否則，他將繼續面試第 21 個，將她與前面 20 人相比較；如果不如前面的，繼續面試第 22 個，將她與前面 21 人相比較……如此繼續下去，直到面試到比前面的面試者都要更好的人為止。

根據圖 3-5-1，總結一下傻博士策略的基本思想：對開始的 $r-1$ 個面試者，答覆都是「不要」，等於是「忽略」掉這些佳麗，只是了解一下而已，直到第 r 個人開始，才認真考慮和比較。如果從 r 開始面試到第 i 個人的時候，覺得這是一個比前面的人都要更中意的人，便決定說「要」，從而停止這場遊戲。圖 3-5-1 中還標出了一個「臨時最佳者」，這和實際上隱藏著的排行榜中的「#1」是不同的。「臨時最佳者」指的是傻博士一個一個面試之後到達某個時刻所看到的最好的佳麗，是隨著傻博士已經面試過的人數的增加而變化的。

這裡便有了一個問題：對 100 個人而言，到底前面應該「忽略」掉多少個人，才是最佳的呢？也就是說，對 n 個面試者，r 應該等於多大，才能使得最終被選定的那個面試者，是「#1」

的機率最大？ r 太小了當然不好，比如說，如果令 r = 2，那就是說，只忽略第一個，如果第二個比第一個好的話，就定下了第二個。當然也可能繼續下去，但很有可能使你的決定下得太快了，似乎還沒有真正開始面試，過程就結束了！ r 太大顯然也不行，比如說令 r = 99，那就是說，從第 99 個人才開始比較。如此辦法，因為忽略的人數太多，當然，「#1」被忽略掉的可能性也非常大，面試了這麼多的人，將傻博士累得半死，選出 #1 的機率只是大約為 2/100 而已。

　　也許，應該忽略掉一半，從中點開始考察？也許，這個數 k 符合黃金分割原則：0.618？也許與另外某個有名的數學常數（π 或 e）有關？然而，這都是一些缺乏論據的主觀猜測，傻博士是科學家，還是讓數學來說話吧。

　　我們首先粗略地思考一下，如果使用這種方法的話，對某個給定的 r，應該如何估算最後選中「#1」的機率 $P(r)$。對於給定的 r，忽略了前面的 r - 1 個佳麗之後，從第 r 個到第 n 個佳麗都有被選中的可能性。因此，在圖 3-5-1 下方的公式中，這個總機率 $P(r)$ 被表示成所有的 $P(i)$ 之和。這裡的 i 從 r 到 n 逐一變化，而 $P(i)$ 則是選中第 i 個佳麗的可能性（機率）乘以這個佳麗是「#1」的可能性。

　　選中第 i 個佳麗的可能性是多少？取決於第 i 個佳麗被選中的條件，那應該是當且僅當第 i 個佳麗比前面 i - 1 個都要更好，

而且前面的人尚未被選中的情形下才會發生。也可以說，第 i 個佳麗被選中，當且僅當第 i 個佳麗比之前的「臨時最佳者」更好，並且這個臨時最佳者是在最開始被忽略的 $r-1$ 個佳麗之中。因為如果這個臨時最佳者是在從 r 到 i 之間的話，她面試後就應該被選中了，然後就停止了「相親過程」，第 i 個佳麗不會被面試。

此外，這第 i 個佳麗是「#1」的可能性是多少呢？實際上，按照等機率原理，每個佳麗是「#1」的可能性是一樣的，都是 $1/n$。因此根據上面的分析，我們便得到了圖 3-5-1 所示的選中「#1」的機率公式。

從公式可知，選中「#1」的機率是傻博士策略中開始認真考慮的那個點 r 的函數。讀者不妨試試在公式中代入不同的 n 及不同 r 的數值，可以得到相應情況下的 $P_n(r)$。比如說，我們前面所舉的當 $n = 100$ 時候的兩種情形：P_{100}（2）大約等於 6/100；P_{100}（99）大約等於 2/100。

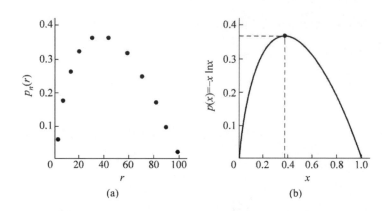

圖 3-5-2　相親問題中 $n = 100$ 時的機率曲線

（a）機率 $P(r)$ 的離散函數（$n = 100$）；（b）機率 $P(x)$ 的連續函數

　　下面問題就是要解決：r 取什麼數值，才能使得 $P_n(r)$ 最大？如果我們按照圖 3-5-1 中的公式計算出當 $n = 100$ 時，不同 r 所對應的機率數值，比如令 r 分別為 2，8，12，22，…，將計算結果畫在 $P_n(r)$ 圖上，如圖 3-5-2（a）所示。我們可以將這些離散點連接起來，成為一條連續曲線，然後估計出最大值出現在哪一個點 r。這是求得 $P(r)$ 最大值的一種實驗方法。

　　然而，我們更感興趣從理論上分析更為一般的問題，那就要用到微積分了。如果能給隨機變數建立一套類似於普通微積分的理論，讓我們能夠像對普通變數做微積分那樣對隨機變數做微積分就好了。

　　在普通微積分裡面，最基本的理論基礎是「收斂」和「極限」的概念，所有其他的概念都是基於這兩個基本概念的。對於隨機過程的微積分，在數學家們建立了基於實分析和測度論

的機率論體系之後，就可以像當初發展普通微積分那樣先建立
「收斂」和「極限」這兩個概念。與普通數學分析不同的是，
現在我們打交道的是隨機變數，比以前的普通變數要複雜得多，
相應建立起來的「收斂」和「極限」的概念也要複雜得多。

在隨機微積分中的積分變數是隨機過程，比如說隨機漫
步。隨機漫步是時間的一個函數，卻有一個特殊的性質：處處
連續但是處處不可導，正是這個特殊的性質使得隨機微積分與
普通微積分大不相同。

實際上，隨機微積分一般都既牽涉到普通變數時間 t，又牽
涉到隨機變數 $W(t)$。所以，進行隨機微積分時，如果碰到跟 t
有關的部分就用普通微積分的法則，而碰到跟 $W(t)$ 有關的部
分時就使用隨機微積分的法則。

首先，我們想一個辦法將 $P_n(r)$ 變成 r 的連續函數。因為
只有對連續函數，才能應用微積分。為了達到這個目的，我們
分別用連續變數 $x = r/n$、$t = i/n$ 來替代原來公式中的離散變
數 r 和 i。此外，最好使得研究的問題與 n 無關。因此，我們考
慮 n 比較大的情形。n 趨近於無窮大時，$1/n$ 是無窮小量，可用
微分量 dt 表示，而公式中的求和則用積分代替。如此一來，圖
3-5-1 中 $P(r)$ 的表達式對應於連續函數 $P(x)$：

$$P(x) = x\int_r^1 \frac{1}{t}dt = -x\log(x) \qquad (3\text{-}5\text{-}1)$$

圖 3-5-2（b）畫的是連續函數 $P(x)$（$= -x\ln x$）的曲線。

這裡的 log 和 ln 都是表示自然對數，即以歐拉常數 e 為基底的
對數函數。由圖可見，函數在位於 x 等於 0.4 左右的地方，有
一個極大值。

　　從微積分學的角度看，光滑曲線極大值所在的點是函數的
導數為零的點，函數在這個點具有水平的切線。但是導數為
零，不一定對應的都是函數值為極大，而是有三種不同的情況：
極大、極小、既非極大也非極小。用該點二階導數的符號，可
以區別這三種情形，見圖 3-5-3。

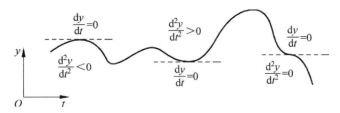

圖 3-5-3　函數的極值處導數為零

　　所以，令公式（3-5-1）對 x 的導數為零便能得到函數的極
值點：x = 1/e = 0.36。這個點機率函數 P（x）的值也等於 1/e，
大約為 0.36。

　　將上面的數值用於傻博士的相親問題。當 n = 100 的時
候，得到 r = 36。也就是說，在傻博士的面試過程中，他首
先應該忽略前面的 35 位佳麗。然後，從第 36 位面試者開始，
便要開始認真比較啦，只要看見第一個優於前面所有人的面試
者，便選定她！利用這樣的策略，傻博士選到「#1」的可能性

是 36%，大於 1/3。這個機率比起前面所舉的幾種情況的機率 1/100、6/100 等，要大多了。

相親問題的策略還可以因不同情況有不同的修改。比如說，也許傻博士會換另一種思路考慮這個問題。他想，為什麼一定只考慮「#1」的機率呢？實際上，「#2」也不一定比「#1」差多少啊。於是，他便將他原來的方法進行了一點點修改。

他一開始的策略和原來一樣，首先忽略掉 r − 1 個應試者。然後從第 r 個應試者開始比較、挑選，等候出現比之前應試者都好的臨時第一名。不過，在第 r 個人之後，如果這個臨時第一名久久不露面的話，傻博士便設置了另外一個數字 s，從第 s 個應試者開始，既考慮「#1」，也考慮「#2」。

我們仍可使用與選擇第一佳麗的策略時所用的類似的分析方法，首先推導出用此策略選出「#1」或「#2」的離散形式的機率 $P(r,s)$。這時的機率是兩個變數 r 和 s 的函數。然後，也利用之前的方法，將這個機率函數寫成一個兩變數的連續函數。為此，我們假設從離散變數 r、s 到連續變數 x、y 的變換公式為

$$x = \frac{r}{n}, \quad y = \frac{s}{n} \qquad (3\text{-}5\text{-}2)$$

然後，考慮 n 趨近於無窮大的情形，可以得到相應的連續機率函數為

$$P(x,y) = 2x \ln \frac{y}{x} - x(y-x) + 2x - 2xy \qquad (3\text{-}5\text{-}3)$$

$$\frac{\partial p}{\partial x} = 0, \quad \frac{\partial p}{\partial y} \qquad\qquad (3\text{-}5\text{-}4)$$

式（3-5-3）是兩個變數的函數，其函數隨 x 和 y 的變化可用一個三維空間中的二維曲面表示，如圖 3-5-4 所示。求這個函數的極值，可以令 $P(x, y)$ 對 x 和 y 的偏導數為 0，見式（3-5-4）。解出上面的方程式便能得到這種新策略下相親問題的解：當 $x = 0.347$，$y = 0.667$ 時，機率函數 $P(x, y)$ 有極大值，等於 0.574。

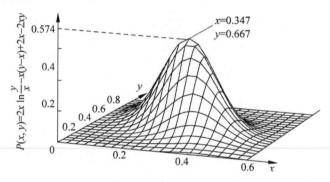

圖 3-5-4　二維機率分布函數

將上面的數值應用到傻博士相親的具體情況，即 $n = 100$ 時，可以得到 $r = 35$，$s = 67$。以上的 r 和 s 是四捨五入的結果，因為它們必須是整數。因此，傻博士如果採取這種「選擇 #1 或 #2」的策略的話，他成功的機率大約是 57%，比「選擇 #1」的成功機率（36/100）又高出了許多。這個結果充分體現了數學的威力。

第 4 章
趣談「熵」

　　物理學家們將機率和統計應用於包含大量粒子的系統，由此促成了統計物理的發展。其中，熵的概念具有尤其重要的地位。熵的名稱首先來自於熱力學，我們的故事從一位早逝的天才開始……

第 4 章　趣談「熵」

從卡諾談起 —— 天妒英才

　　人類歷史上早逝的科學家不少。他們二三十歲便匆匆離世，卻在他們短短的有生之年，爆發出照耀數百年的生命光輝。如彗星一瞬，似曇花一現，不由得令人扼腕嘆息。

　　挪威數學家阿貝爾（Niels Abel, 1802 ～ 1829）在 27 歲時因貧病交加而去世，法國數學家伽羅瓦（Évariste Galois, 1811 ～ 1832）在 21 歲時死於一次決鬥。這兩位少年天才都是群論的先驅者，他們令人矚目的工作為數學領域開創了一片嶄新的天地，也影響和促進了其他學科的發展。他們創建的群論如今已成為理論物理學中必不可缺的數學概念。

　　物理學中也有幾位早逝的開創者，他們在物理學的不同領域豎立起了偉大的里程碑。

　　德國物理學家海因里希‧赫茲（Heinrich Hertz, 1857 ～ 1894）被譽為「電磁波之父」，卻只活了 37 年便死於敗血症。他證實了電磁波的存在，造福了廣大人類。如今的人類，實在難以想像沒有電磁波的時代人們是如何生活的。

　　被譽為「熱力學之父」的卡諾，也是在 36 歲時英年早逝的。

　　熱是什麼？如今的中學生就能回答：「是能量的一種形式」。然而，科學家們得到這個結論，卻經歷了漫長的過程。人類對冷熱的感覺和認識固然由來已久，對「熱動力」的最早

利用，甚至於可以追溯到西元之前。比如中國古代發明的許多玩具，就都是用「熱」來產生所需的動力。秦朝就有的蟠螭燈，燈燃氣流，鱗甲皆動；之後發展成「走馬燈」，車馬人流，旋轉如飛，這兩種燈的動力從哪兒來？便是利用冷熱空氣的對流而產生的。唐代出現的煙火類玩物、宋朝的「火箭」，都是利用燃料燃燒後再向後噴射出來產生的反作用力，以推動物體朝前發射而「上天」。

西方古代也有此類「熱學老祖宗」級別的貢獻，比如世界上第一臺蒸汽機的雛形便是古希臘數學家希羅於 1 世紀發明的汽轉球。一千多年之後，經過 17 世紀幾位物理學家研究出模型，英國人瓦特在 1769 年進行了關鍵性的改進，繼而引發和促成了轟轟烈烈的第一次工業革命。

當年的「熱動力」在工程技術方面的大量應用，提出了熱機的效率問題。這個難題使卡諾走上了熱機理論研究的道路，成為解決此問題的先驅。

尼古拉・卡諾（Nicolas Carnot, 1796 ～ 1832）是法國的一個青年工程師，出生於法國大革命和拿破崙奪權之間的動亂年代。卡諾的父親既是一位活躍的政治家，又是一位對機械和熱學頗有研究的科學家。卡諾的父親曾經在政府身居要職，但晚年被流放國外，病死他鄉。這一切對卡諾影響巨大。父親教給他科學知識，使年輕的卡諾兼具理論才能和實驗技巧。但父親政治上的厄運也給他的性格和生活蒙上了一層陰影，以至於

第 4 章　趣談「熵」

他的生前好友羅貝林（Robelin）在法國《百科評論》雜誌上這樣描述他：「卡諾孤獨地生活、淒涼地死去，他的著作無人閱讀，無人承認。」

卡諾留給後世唯一的一部著作《論火的動力》，雖然他生前已經在弟弟的幫助下用法文自費出版，但沒有引起學界的重視，因無人閱讀，賣出不多就絕版了。幾年後卡諾不幸罹患猩紅熱，又轉為腦炎，後來又染上了流行性霍亂而被奪去了生命。霍亂是可怕的傳染病，死者的遺物，包括卡諾的大量尚未發表的研究論文手稿，全部被付之一炬。在卡諾去世兩年之後，他的書才有了第一個認真閱讀的讀者，那是比卡諾小 3 歲的巴黎理工學院的校友克拉佩龍。克拉佩龍發表了論文介紹卡諾的理論，並用自己的 p-V 圖的方式來解釋它，見圖 4-1-1。後來研究熱力學的兩位物理學家：克耳文和克勞修斯，隱隱約約知道有個卡諾，卻都找不到卡諾的原始著作，都是透過克拉佩龍的介紹文章，才知道卡諾的熱機理論的。

卡諾將熱機做功的過程總結成包括兩個等溫過程和兩個絕熱過程的卡諾循環，即提出了由絕熱膨脹、等溫壓縮、絕熱壓縮和等溫膨脹 4 個步驟構成的「理想熱機」，如圖 4-1-1 右圖所示。所謂「理想」的意思是假設卡諾循環是一個可逆循環，而實際上的熱機過程是不可逆的。卡諾的理論如今說起來再簡單不過，但在當年卻抓住了熱機的本質，也成為熱力學的第一塊奠基石。因此，當今的熱力學教科書中仍然介紹卡諾循環和卡諾定理。

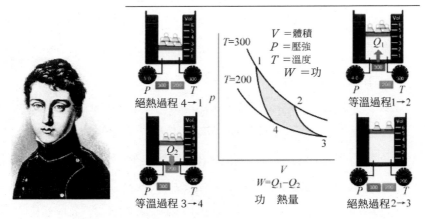

圖 4-1-1　卡諾和卡諾循環

卡諾的工作可歸結於三方面：

1. 卡諾第一個指出，熱機必須工作於兩個不同的溫度之間，
   熱機的效率是兩個溫度差別的函數。卡諾得到這個結果是
   繼承了父親過去研究水力機的思路。父親認為「水力機
   能產生的最大能量與落差有關」，這個想法啟發卡諾得到
   「蒸汽機能得到的最大能量與溫度差有關」的結論。雖然
   他尚未得出熱機效率與溫差的正確關係，但這個思路將人
   們改進熱機效率的努力引導到正確而理性的方向，從此有
   了理論模型，不再是像過去那樣盲目地實驗，從而避免了
   浪費經費、製造許多粗糙而複雜的機器，對工業革命的發
   展起了重要的推動作用。

2. 卡諾的理論當時是在「熱質說」的基礎上做出的，那是當時物理界對熱現象的解釋，認為熱是一種類似物質的東西，從高溫物體流向低溫物體。卡諾相信熱質說的另一個原因是因為上面所說的，他將「熱流」與水流類比。不過，卡諾當時在菲涅耳（Augustin-Jean Fresnel, 1788～1827）的影響下，已經逐漸有了拋棄「熱質說」的思想，菲涅耳將熱與光類比，認為兩者都是物質粒子振動的結果。卡諾認為熱機是從高溫熱源 T_1 吸取熱量 Q_1，然後向低溫熱源 T2 釋放熱量 Q_2，而熱機對外所做的功則為：$W = Q_1 - Q_2$，這裡已經暗指熱量與功是相當的，可以互相轉換。卡諾甚至還計算出了熱功當量的值，他計算出熱功當量為 3.7J/cal，比焦耳的工作超前近 20 年。因此可以說，當時的卡諾已開始考慮能量守恆與轉化的問題，幾乎已經走到了熱力學第一定律的邊緣。

3. 提出卡諾定理：「所有工作在同溫熱源與同溫冷源之間的熱機，可逆熱機的效率最高」。卡諾定理實質上可以看作是熱力學第二定律的理論來源。

　　根據上面所述，可以看出卡諾對熱力學做出了不凡的貢獻。他不僅解決了熱機效率的工程問題，而且開創了熱力學這門物理新學科。如果他不是英年早逝的話，很有可能是最早提出熱力學第一、第二定律的人。

「熵」 —— 熱力學中閃亮登場

熵不是一個人人皆知的名詞，卻是物理學上很重要、很基本的概念。它誕生於熱力學，但它的定義和意義被擴展到遠遠與熱力學，甚至與物理學都完全不相干的領域，比如生物學和訊息學。

還是得從熵的誕生地 —— 熱力學說起。1824 年，卡諾證明了卡諾定理，不僅導出了熱機效率的最上限，推動了工業革命中對熱機的研究和改良，而且也已經包含了熱力學第一和第二定律的基本思想，開創了物理學中的一片新天地。此後，德國物理學家和數學家魯道夫・克勞修斯（Rudolf Clausius, 1822 ～ 1888）於 1850 年在他的《論熱的移動力及可能由此得出的熱定律》論文中，明確地重新陳述了這兩個熱力學定律。

熱力學第一定律所述的是熱能和機械能及其他能量的等效性，也就是在熱力學中的能量守恆和轉化規律。英國物理學家詹姆斯・焦耳（James Joule, 1818 ～ 1889）做了很多熱學相關的實驗，研究過熱、功與溫度間的關係。焦耳在實驗中觀察到，透過攪拌液體等方式對液體做機械功，能使液體的溫度上升，這說明機械能可以轉化為熱能，焦耳還對轉換比值進行了精確的測量。

因此，克勞修斯在 1850 年的論文裡，基於焦耳的實驗，否定了熱質論，並以焦耳確定的熱功當量值為基礎，提出了物體

第 4 章　趣談「熵」

具有「內能」的概念，第一次明確地表述了熱力學第一定律：在一切由熱產生功，或者由功轉化為熱的情況中，兩者的總數量不變。第一定律否定了當時某些人試圖製造第一類永動機（即不消耗能量做功的機械）的設想。

克勞修斯深刻地認識到，反映能量守恆的熱力學第一定律還不能完全囊括卡諾定理的精髓。卡諾循環包括兩個等溫過程和兩個絕熱過程，絕熱過程沒有熱量交換。兩個等溫過程：一個從高溫熱源 T_1 吸取熱量 Q_1，另一個向低溫熱源 T_2 釋放熱量 Q_2。系統對外所做的功

$$W = Q_1 - Q_2 \qquad (4\text{-}2\text{-}1)$$

這個等式用數學形式表達了能量守恆，即熱力學第一定律：熱量的損失與對外所做的功在數量上相等。但是「熱能」仍然有其與眾不同的特點。如果我們分析卡諾熱機的效率：

$$\eta_{可逆} = W / Q_1 = (Q_1 - Q_2) / Q_1$$
$$= 1 - Q_2 / Q_1 = 1 - T_2 / T_1 \qquad (4\text{-}2\text{-}2)$$

便會發現，熱機的效率不可能達到 1，因為從高溫熱源吸取的熱量 Q_1 中，只有一部分的熱能 $Q_1 - Q_2$ 轉化成了有用的功，另一部分做不了功的熱量 Q_2 被釋放到了低溫熱源。卡諾熱機是可逆的效率最高的理想熱機，而現實中的熱機都是不可逆的，如果對不可逆的熱機，其熱效率 η 不可逆比使用相同高溫和低溫熱源的卡諾熱機還要更低。也就是說，各種形式的能量雖然

能夠互相轉換，但機械能可以無條件地全部轉換成熱（即使得氣體的內能增加），熱能卻不能無條件地全部轉換為機械能。如果要求系統返回到原來的狀態，熱能只能部分地轉換成機械能。

此外，根據我們的日常經驗，熱只能自發地從高溫物體傳遞到低溫物體。如果想要將熱從低溫物體到高溫物體，必須要消耗其他的某種動力，外界需要對系統做功，這是製冷機的工作原理。因此，克勞修斯由上述想法而得到了熱力學第二定律的「克勞修斯表述方式」：不可能把熱量從低溫物體傳遞到高溫物體而不產生其他影響。熱力學第二定律說明了第二類永動機是不可能的。

另一位英國物理學家克耳文（William Thomson, 1st Baron Kelvin, 1824～1907），幾乎同時研究了熱力學第二定律並用另外一種說法表述出來，即「克耳文表述方式」：不可能從單一熱源吸收能量，使之完全變為有用功而不產生其他影響。

可以證明，熱力學第二定律的這兩種表述是完全等價的。

然而，克勞修斯還在繼續思考：應該如何從數學上表述熱力學第二定律？利用實驗中測量的熱功當量數值，可以將機械能與熱能互相轉換，因此熱力學第一定律可以用能量守恆表達成一個數學等式，如公式（4-2-1）。那麼，是否也有某種守恆量與熱力學第二定律相關呢？

第 4 章　趣談「熵」

克勞修斯在深入研究卡諾循環的過程中，發現有一個物理量：熱量與溫度的比值（Q/T），表現出某種有趣的性質。

從計算卡諾熱機效率的公式（4-2-2）得到：$Q_2/Q_1 = T_2/T_1$，稍做運算，並將釋放的熱量 Q_1 看作是負值，上式可以進一步寫成：

$$Q_2/T_2 + Q_1/T_1 = 0 \qquad (4\text{-}2\text{-}3)$$

或者說，當系統按照卡諾循環繞一圈之後，Q/T 的總和保持為 0。於是，克勞修斯由此定義了一個新的物理量（$S = Q/T$）。因為 S 在經過可逆循環後返回到原來的數值，應該可以被定義為系統的狀態的函數，簡稱態函數。熱力學中所謂的態函數，是指宏觀函數值的變化只與始態和終態有關，與所經過的路徑無關。這兒的「始態」和「終態」都是指熱平衡態。系統一旦達到熱平衡，它的態函數便具有固定的值，無論這個狀態是經過可逆過程到達的，還是經過不可逆過程到達的。熱力學第一定律中涉及的「內能」U 也是一種宏觀態函數。對簡單的系統，宏觀態函數還有壓強 P、體積 V、溫度 T 等。這些態函數不一定互相獨立。比如說，理想氣體構成的系統，可以任意選取兩個宏觀物理量作為獨立變數（如 P 和 V，或者 T 和 S），其他的態函數便被表示成兩個獨立變數的函數。

克勞修斯驚喜地發現，根據 $S = Q/T$（或寫成增量的形式：$dS = dQ/T$），所定義的態函數 S，可以從數學上來描述熱力學第

二定律。因為對一個孤立系統而言，如果經過可逆循環恢復到起始狀態 $dS = 0$，而對不可逆循環則有 $dS > 0$。也就是說，孤立系統 S 的數值只增不減。這樣的話，熱力學第二定律可以用一個不等式表述：$dS \geq 0$。同時，熵的數值不變或者增加，也可以用作熱力學過程是可逆還是不可逆的判定標準。

那麼，給 S 取個什麼名字呢？克勞修斯當時認為 S 有點類似於能量但又不是能量，如果說熱量 Q 是一種能量的轉換的話，S 還需要除以溫度 T，可以算是能量的「親戚」。再結合第二定律的物理意義，這個量似乎與「無法利用的能量」有關。於是，克勞修斯在希臘文中找了一個詞來稱呼 S，它的詞義為「轉變」，詞形有點像「energy」，英文則翻譯成「entropy」。當這個頗有來歷的名稱被 1923 年到中國講課的普朗克（Max Planck, 1858 ～ 1947）介紹給中國物理學家時，胡剛復教授在翻譯時靈機一動，創造了一個新詞彙「熵」。為什麼起了這麼個古怪的名字呢？因為 S 是熱量與溫度之「商」，而此物與熱力學有關，因此按照中文字的結構規則，給它加上了一個「火」字旁。

現在看來，這兩個給 S 取名字的人當時都小看了這個物理量的重要性和普遍性。克勞修斯把它當成是能量的附屬品，胡剛復則認為它只與「火」有關。但無論怎樣，從此以後，「熵」誕生於熱力學，亮相於物理世界，後來又走得遠遠的，來到宇

宙學、黑洞物理、生物學、資訊論、電腦學、生態、心理、社會、金融等領域，成為一個至今仍然十分令人迷惘的造成許多混亂的值得深究的科學概念。

「熵」——名字古怪、性情乖張

克勞修斯於 1865 年的論文中定義了「熵」，其中有兩句名言：「宇宙的能量是恆定的」、「宇宙的熵趨於最大值」。

這兩句話揭示了熱力學中的兩個（第一、第二）基本規律，當時聽起來卻令人喪氣，特別是對那些想製造各種永動機的工程師們而言，感覺他們想像的翅膀被物理規律牢牢地捆綁住了。能量既不能增加，也不能減少，你只能將它們變來變去。而最使人感到心中不爽的就是那個古怪的「熵」：它竟然將能量分成了不同的等級！比如說機械能，可以全部轉化成有用的功，而熱能的性質就差了一大截，只有一部分有用處，別的就全被耗散和浪費掉了。在任何自發產生的物理過程中，熵只增不減，熵的增加意味著系統中的能量不斷地貶值。

物理學家潘洛斯（Sir Roger Penrose, 1931～）在 2004 年出版的《通往實在之路》（Road to Reality，暫譯）一書中，精闢地描述了地球和太陽、太空之間，能量與熵的轉換關係。

潘洛斯在書中提出如下的觀點：太陽不是地球的能量來源，而是「低熵」的來源。

我們經常說的一句話：「萬物生長靠太陽」。所謂「生長」
是什麼意思呢？生物體不是孤立系統，而是一個開放系統，生
命過程不是那種自發的有序退化為無序的熵增加過程。恰恰相
反，它們是朝氣蓬勃的、從無序走向有序的過程。我們想要維
持我們生命的活力，就需要盡量減少熵。這也是當年薛丁格研
究「生命是什麼」時的想法：要擺脫死亡，要活著，就必須
想辦法降低生命體中的熵值。地球上億萬生物體低熵的來源最
終還得歸結到太陽。地球白天從太陽得到高能的光子，到了晚
上，又以紅外線輻射，或其他波長比較長的輻射方式，將能量
返回到太空中。總體來說，目前太陽 ── 地球間的能量交換處
於一種動態平衡階段：地球維持一個基本恆定的溫度（不考慮
因人類濫用能源而產生的溫室效應），也就是說地球每天都不停
地將其從太陽獲得的能量原數「奉還」給宇宙空間，如圖 4-3-1
所示。

圖 4-3-1　地球太陽的「熵」交換

第4章 趣談「熵」

但是，因為每個光子的能量與頻率成正比，從太陽吸收的光子頻率較高，因而能量更大；而由長波輻射出去的是頻率更低、能量更小的光子。如果吸收的總能量與返回太空的總能量相同的話，向外輻射的光子數目將比吸收的光子數目大得多。粒子數目越多，熵就越高。由此說明，地球從太陽得到低熵的能量，以高熵的形式回歸給太空。換言之，地球利用太陽降低它自身的「熵」，這就是萬物生長的祕密！

上面的論點中有一段話：「粒子數越多，熵越高」又應該如何解釋呢？

這就涉及我們將介紹的主題：熵的統計物理解釋。

統計物理起源於 19 世紀中葉，那時候，儘管牛頓力學的大廈宏偉、基礎牢靠，但物理學家們卻很難用牛頓的經典理論來處理工業熱機所涉及的氣體動力學和熱力學問題。分子和原子的理論也是剛剛開始建立起來，學界迷霧重重，不同觀點爭論不休。熱力學方面的宏觀現象是否可以用微觀粒子的動力學理論來解釋？這方面研究的代表人物是奧地利物理學家波茲曼和建立電磁場理論的英國人詹姆斯·馬克士威（James Maxwell, 1831 ～ 1879）。

波茲曼從統計物理的角度，特別研究了熵。他的墓碑上沒有碑文，而是鑴刻著波茲曼熵的計算公式（圖 4-3-2）。

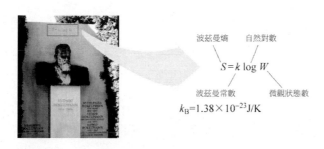

圖 4-3-2　波茲曼熵

用現在常見的符號表示，$S = k_B \ln W$，這裡的 $k_B = 1.38 \times 10^{-23}$J/K，是波茲曼常數，其量綱正好等於（能量／溫度）。將溫度和能量聯繫起來，也符合我們在前面介紹的熱力學熵定義：能量和溫度之商。公式的後面一項是以 e 為底的對數，對數函數中的 W 是宏觀狀態中所包含的微觀狀態數，描述了宏觀（熱力學）與微觀（統計）的關聯。我們可以暫不考慮常數 k_B，因為在統計力學的意義上，我們只對 $\ln W$ 一項感興趣。

上述的波茲曼熵公式便可解釋「粒子數越多，熵越高」的道理。因為粒子數越多，包含的微觀狀態數 W 便越大。比如說，舉個最簡單的例子，用正反面不同（但出現的機率相同）的硬幣來代表「粒子」，一個硬幣可能的狀態數為 $W = 2$（正和反），兩個硬幣可能的狀態數 W 增加為 4（正正、正反、反正、反反），W 越大，$\ln W$ 也大，顯然驗證了「粒子數越多，熵越高」的事實。

第4章　趣談「熵」

　　考慮硬幣數目繼續增多的情況，比如考慮 50 個硬幣互不重疊平鋪在一個盤子裡的各種可能性。假設我們的視力不足以分辨硬幣兩面的圖案，因而也不知道盤中「正」、「反」面的詳細分布情況，所有的圖像看起來都是一樣的，因此我們簡單地用「$n = 50$」來定義這個宏觀狀態，即 n 是硬幣系統唯一的「宏觀參數」。但是，如果用顯微鏡一看，便發現對應於同一個宏觀參數，可以有許多種正反分布不同的微觀結構，從微觀結構的總數 $W = 2^{50}$ 可知，該宏觀系統的熵正比於粒子數 n（$n = 50$）。

　　數學家為我們提供了一個簡單的工具：用「狀態空間」來表示上文中所說的「許多種不同的微觀狀態」。在狀態空間中，每一種微觀態對應於一個點。比如說，一個硬幣（$n = 1$）的情況，正反兩個狀態可以用一維線上的兩個點來表示；兩個硬幣（$n = 2$）的 4 個狀態可表示為二維空間中的 4 個點。不過，當 $n = 50$ 時，狀態空間的維數增加到了 50！50 枚硬幣正反面分布的各種可能微觀狀態得用這個 50 維空間中的 2^{50} 個點表示。

　　總結以上分析，熵是什麼呢？熵是微觀狀態空間某集合中所包含的點的數目之對數，這些點對應於一個同樣的宏觀態（n）。

　　硬幣例子只是用以解釋什麼是狀態數的簡單比喻。實際物理系統的狀態數依賴於系統的具體情況而定。熱力學考慮的是宏觀物理量，也就是說系統作為一個整體（不管它的內部結構）測量到的熱物理量，比如對理想氣體而言，有壓強 P、體積 V、溫度 T、熵 S、內能 U 等。統計物理則考慮微觀物理量，

即考慮系統的物質構成成分（分子、原子、晶格、場等）。在
1870 年代，分子原子論剛剛開始被接受，波茲曼超前地用分子
的經典運動來解釋熱力學系統的宏觀現象，遇到不少阻力，這
點以後再談。

　　仍舊以理想氣體為例，按照統計力學的觀點，溫度 T 是系
統達到熱平衡時候分子運動平均動能的度量，即等於系統中每
個自由度的能量；內能 U 只與溫度 T 有關，所以也僅為分子平
均動能的函數。上一節中給出的熱力學熵（克勞修斯熵），是
總能量與溫度的比值，而系統的溫度可以理解為每個自由度的
能量，由此可得，熵等於微觀自由度的數目。這個結論符合統
計熵（波茲曼熵）的定義，說明克勞修斯熵和波茲曼熵是等
價的。

　　對理想氣體而言，硬幣例子中的狀態空間應該代之以分子
運動的「相空間」。相空間的維數是多大？如果考慮的是單原
子分子，每個分子的狀態由它的位置（三維）和動量（三維）
決定，有 6 個自由度，n 個分子便有 6n 個自由度。如果是雙原
子分子，還要加上 3 個轉動自由度。

　　與硬幣的離散狀態空間有所不同，經典熱力學和統計物理使
用的相空間是連續變數的空間。因此，熵是相空間中某個相關
「體積」的對數，這個相關體積中的點對應於同樣的宏觀態。

　　微觀狀態數是一個無量綱的量，與狀態空間或者相空間是
多少維也沒有什麼關係，在硬幣的例子中，無論 $n = 1，2$，或

50，得到的狀態數都只是一個整數而已。而在連續變數的情況下，所謂相空間中的體積，實際上可以是線元的長度，或者面積，或者是高維空間的「體積」。這是抽去了具體應用條件的「熵」的數學模型，也反映了熵的統計本質。

時間之矢貫穿宇宙

　　孤立系統中的熵只增不減，此為熵增加原理，或熱力學第二定律。這是物理學中科學地描述「時間箭頭」的理論，熵值的增加賦予時間箭頭精確的物理意義。

　　時間有箭頭嗎？這個問題的答案是顯而易見的。中國人說：時光一去不復返，光陰似箭、日月如梭，時間的腳步從不停止，也不會倒流。小到日常生活，大到宇宙模型，時間單方向流逝的例子多不勝數（圖 4-4-1）。覆水難收，歲月難留。沒有誰看見過古人從墳墓裡爬出來、老年人返老還童的咄咄怪事。這些事實，都說明了時間是不可逆的，只往一個方向前進。牛頓是一個偉人，但他的經典力學定律中卻沒有反映出時間「不可逆」這個物理本質。牛頓方程式與時間流逝的方向無關，正向和逆向都照樣成立。不僅僅是牛頓力學，在愛因斯坦的相對論及薛丁格等人的量子論中，也都沒有包含時間的箭頭。

　　時間箭頭有什麼意義呢？時間之矢與因果律有關，如果時間既能朝前又能倒退的話，會導致許多因果顛倒、邏輯矛盾的

不合理事件。因此，在牛頓力學及相對論的情形下，由於時間方向並沒有自然地被反映到方程式中，科學家們往往會人為地定義一個時間方向，以避免發生違背因果及邏輯規律的現象。而熱力學第二定律的理論框架，才在方程式中包括了時間箭頭，因而能支持宏觀世界中隨處可見的「演化」現象。

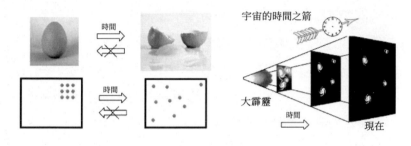

圖 4-4-1　時間的方向

　　儘管從統計物理的角度尚未徹底解釋時間箭頭的來源，但時間的單向性是公認的事實。生物學中，生物的進化和生物個體的生老病死，只朝一個方向發展。宇宙學中也有時間箭頭，有人認為它來自宇宙大霹靂這一初始條件。宇宙空間的膨脹使得電磁波呈現向外擴散的趨勢而不是朝著波源收縮，雖然收縮波也滿足同樣的方程式。換言之，這就形成了電磁學的時間箭頭，從熱力學時間箭頭、宇宙時間箭頭、電磁時間箭頭，又派生出資訊論和生物學的時間箭頭。

　　時間是什麼？空間是什麼？深刻探索時間和空間的物理本質，是解決物理學中疑難問題，包括時間箭頭問題的關鍵。

第 4 章　趣談「熵」

在宇宙時間箭頭的問題上，當代兩位物理學家兼宇宙學家霍金（Stephen Hawking, 1942 ～ 2018）和潘洛斯進行了激烈的哲學爭論。大多數物理學家，包括霍金，認為宇宙具有一個統一的時間箭頭，並傾向於以宇宙大霹靂作為時間箭頭的本源，而宇宙中其他具體物質系統的時間方向性都由宇宙大霹靂這個時間箭頭派生。而另一些物理學家認為，每個系統都有它自己的時間之箭，與宇宙的膨脹和收縮全然無關，也與熱力學的時間之箭無關。潘洛斯等提出了一種宇宙反覆輪迴的假設，從一次大霹靂到另一次大霹靂；從單調枯燥的極低熵的特殊狀態，爆發出存在而膨脹的新宇宙。

霍金和潘洛斯都是早期黑洞研究的專家，在黑洞視界附近，或者在大霹靂的宇宙「奇異點」附近，時間的概念變得異常玄妙，似乎難以理解。因此，對黑洞物理、黑洞熱力學的研究也許將有助於探索時間的本質問題。

經典廣義相對論的黑洞只有簡單的「三根毛」，而熱力學意義上的黑洞則具有熵，也就是說微觀上具有訊息的不確定度，這點是由惠勒的學生之一貝肯斯坦（Jacob Bekenstein, 1947 ～ 2015）發現的。當時，便是潘洛斯及霍金這兩位物理學家的研究給了貝肯斯坦啟發。

潘洛斯設想了一個「潘洛斯過程」，發現在一定的條件下可以從黑洞中提取能量。霍金則從數學上證明了，如果兩個黑洞合而為一，合併後的黑洞面積不會小於原先兩個黑洞面積之

和。這個黑洞視界總面積不會減少的結論太類似「熵不會減少」的熱力學第二定律了！貝肯斯坦由此而猜想黑洞的熵應該與視界面積成正比。

　　貝肯斯坦的黑洞熵概念使得「熵增加原理」對黑洞仍然成立，比如說，當你扔一些物質進黑洞，例如倒進一杯茶。之後，黑洞獲得了質量，黑洞的面積是和質量成正比的，質量增加使得面積增加，因而熵也增加了。黑洞熵的增加抵消了被扔進去的茶水的熵的丟失。

　　貝肯斯坦的黑洞熵可以用圖 4-4-2 中的解釋來粗略理解。

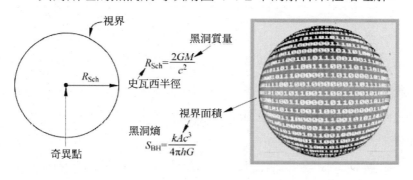

圖 4-4-2　黑洞熵

　　霍金進行了一系列的計算，最後承認了貝肯斯坦「表面積即熵」的觀念，提出了著名的霍金輻射。然而，因為對一般情況下的黑洞，計算出來的溫度值非常低，大大低於宇宙中微波背景輻射所對應的溫度值（2.75K），不太可能在宇宙空間中觀測到霍金輻射。不過，從以上公式可知，黑洞的溫度與黑洞質量

M 成反比，有可能在宇宙大霹靂初期產生的微型黑洞中觀測到。

黑洞包含時空的奇異點，是廣義相對論理論應用到極致的產物，黑洞的熱力學又涉及量子理論。因此，黑洞提供了一個探索時空本質，繼而研究時間箭頭的最佳場所。

2015 年，雷射干涉引力波天文臺（LIGO）接收到了黑洞合併事件產生的引力波，更讓物理學家們感覺黑洞熱力學方面的理論設想有了付諸實驗驗證的可能性。

伊辛（或易辛）模型及應用

易辛模型（圖 4-5-1）是一個簡單有效的統計物理模型，因研究鐵磁性的相變而提出，但其應用廣泛遠超鐵磁甚至物理的範圍，在自然界、社會學、人工神經網路系統中，都展示了其巨大的應用潛力。這個簡單的模型以一位生平鮮為人知的物理學家命名。

恩斯特‧伊辛（Ernst Ising, 1900 ～ 1998）1900 年出生於德國科隆，於 98 歲高齡在美國伊利諾州去世。一生以教學為主，科學研究文章不多，易辛模型是他於 1925 年就讀漢堡大學，在威廉‧冷次（Wilhelm Lenz, 1888 ～ 1957）教授指導下所做的博士論文課題。

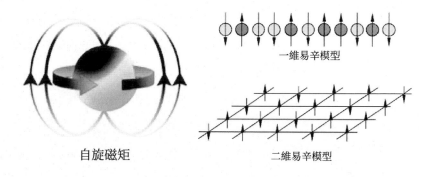

一維易辛模型

自旋磁矩

二維易辛模型

圖 4-5-1　易辛模型

　　易辛模型的提出是為了解釋鐵磁物質的相變，即磁鐵在溫度變化時會出現磁性消失（或重現）的現象。該模型假設鐵磁物質是由一堆規則排列、只有上下兩個自旋方向的小磁針構成，相鄰的小磁針之間透過能量約束發生相互作用，同時又由於溫度參數決定的環境熱雜訊的干擾而發生磁性（上下）的隨機轉變。溫度越高，隨機漲落干擾越強，小磁針越容易發生無序而劇烈的狀態轉變，從而讓上下兩個方向的磁性相互抵消，整個系統磁性消失。如果溫度很低，則小磁針相對寧靜，系統處於能量約束高的狀態，大量的小磁針方向一致，鐵磁系統展現出磁性。當時，伊辛僅僅對一維的易辛模型進行求解，做出了該模型在一維下的嚴格解，並沒有自發磁化相變現象的發生，因此並沒有得到更多物理學家的關注。隨後，著名的統計物理學家拉斯‧昂薩格（Lars Onsager, 1903 ～ 1976）於 1944 年對二維的易辛模型進行了解析求解，並同時發現了二維易辛模型中的相變現象，才引

185

起了更多學者的注意。至今仍未找到被學術界公認的三維易辛模型的精確解。因為三維易辛模型存在拓撲學的結構問題，有人認為無法解出三維易辛模型的精確解。

　　易辛模型可以看作是一個馬可夫鏈，因為下一刻狀態的轉移機率只和目前狀態有關。由於該模型的高度抽象，人們可以很容易地將它應用到其他領域之中，包括股票市場、政治選擇等。例如，易辛模型可視為選民模型的一種。人們將每個小磁針比喻為某個村落中的村民，而將小磁針上、下的兩種狀態比喻成個體所具備的兩種政治觀點，比如對川普或希拉蕊兩個不同黨派候選人的選舉意願。相鄰小磁針之間的相互作用則被比喻成村民之間觀點的影響。環境的溫度比喻成新聞媒體、輿論對每個村民自己意見的影響程度。這樣，整個易辛模型就可以模擬該村落中不同政治見解的動態演化過程。如果用小磁針比喻神經元細胞，向上、向下的狀態比喻成神經元的刺激與抑制，小磁針的相互作用比喻成神經元之間的信號傳導，那麼易辛模型便可以用來模擬神經網路系統，用於機器學習領域。因為應用廣泛，每年差不多有上千篇論文研究這一模型。

馬克士威惡魔

　　據說劍橋大學某位物理學家有一次恭維愛因斯坦說：「你站在了牛頓的肩上」，愛因斯坦卻回答：「不，我是站在馬克士威

的肩上！」愛因斯坦的回答十分中肯，也確切地表達了他的物理思路和興趣所在都是跟蹤馬克士威的足跡。愛因斯坦的主要成就：兩個相對論中，狹義相對論顯然是為了解決馬克士威電磁理論與經典力學的矛盾才得以建立的，而廣義相對論則是前面思想的延續。從愛因斯坦在 1905 年發表的另一篇關於布朗運動的文章，可以看出他也熱衷於馬克士威曾經致力研究過的分子運動理論。

馬克士威雖然只活了 48 歲，但對物理學做了劃時代的貢獻。在提出著名的經典電磁理論之後，從 1865 年開始，馬克士威將研究方向轉向熱力學。當年的馬克士威注意到克勞修斯在分子運動論上的開創性工作，並且對數學界高斯等人建立的機率理論極感興趣，因此將機率和統計方法應用於熱力學，試圖從分子的微觀運動機制來闡述熱力學的宏觀規律。馬克士威以分子之間的彈性碰撞為基本出發點，旗開得勝，首先得到十分重要的馬克士威速度分布律。

如今，我們使用現代統計物理的知識，有多種方法推導出馬克士威分布。比如說，根據熵增加原理，忽略量子效應，加上機率歸一化以及系統平均能量與溫度有關這兩個約束條件，不難得出系統中分子的運動將符合馬克士威分布。此外，波茲曼當年將這個規律推廣到存在位能的情形，而被後人稱之為馬克士威－波茲曼分布，加之馬克士威對電磁理論的巨大貢獻，使人們忽略了他在統計物理中也起了不可泯滅的啟蒙作用。

第4章　趣談「熵」

　　馬克士威早年研究氣體動力學理論，支持「氣體的絕對溫度是粒子動能的測量」的觀點，但認為在一定溫度 T 下，所有分子的動能並不是一個單一固定的數值，而是符合統計分布的規律，即如圖 4-6-1 所示的分布曲線。雖然任何單個粒子的速度都因為與其他粒子的碰撞而不斷變化。然而，對大量粒子來說，處於一個特定的速度範圍的粒子所占的比例卻幾乎不變，馬克士威分布便描述了系統處於平衡態時的分布情況。系統的溫度越高，曲線（和頂峰）越往右邊速度高的區域移動，最大值降低，但分布曲線下面所包括的面積不變（＝1），以符合所有機率之和為 1 的要求。

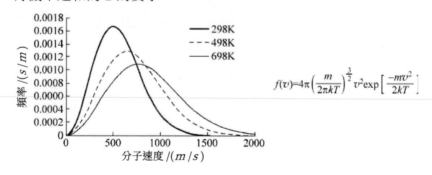

圖 4-6-1　馬克士威分布

　　馬克士威分布與熱力學第二定律相符合，假設你將溫度不等的兩個系統相接觸，透過碰撞，快速移動的分子將能量傳遞給緩慢移動的分子，最後達到溫度在兩者之間的新平衡態。

　　1865 年，熱力學奠基人之一的克勞修斯把熵增加原理應

用於無限宇宙中，而提出「熱寂說」，馬克士威從機率統計的角度認真思考這個假說，意識到大自然中必然有適合於如宇宙這種「開放系統」的某種機制，使得系統在某些條件下，看似「違反了」熱力學第二定律。但當時的馬克士威對此問題似乎還說不出個所以然，於是便詼諧地設想了一種假想的「小惡魔」，即著名的「馬克士威惡魔」（Maxwell's demon）。馬克士威假想這種智慧小生物能探測並控制單個分子的運動，如圖 4-6-2 所示，小惡魔掌握和控制著高溫系統和低溫系統之間的分子通道。

當年馬克士威的假想「惡魔」利用了分子運動速度的統計分布性質。根據馬克士威分布，即使是低溫區，也有不少高速分子；高溫的系統中也有低速度的分子，如果真有一個能夠控制分子運動的小惡魔，在兩個系統的中間設置一個門，只允許快分子從低溫往高溫運動。慢分子則從高溫往低溫運動，在「小惡魔」的這種管理方式下，兩邊的溫差會逐漸加大，高溫區的溫度會越來越高，低溫區的溫度越來越低。小惡魔造成的溫度差是否可以用來對外做功呢？這個想法有點像是第二類「永動機」的翻版。

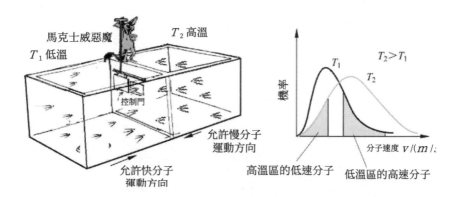

圖 4-6-2　馬克士威惡魔

　　由於上述原因，有人認為馬克士威惡魔是現代非平衡態統計中耗散理論的雛形。也許可以對馬克士威惡魔做如此高標準的詮釋，但並不見得是馬克士威當年假想這個惡魔時的初衷。從歷史的角度來看，馬克士威在 1867 年第一次提出馬克士威惡魔時說：「這證明第二定律只具有統計的確定性」，這表明馬克士威是想借此來說明熵增加原理是系統的統計規律。馬克士威認為，第二定律描述的不是單個分子的運動行為，而是大量分子表現的統計規律。對統計規律而言，熱量只能從溫度高的區域流向溫度低區的區域。但是就個別分子而言，溫度低的區域的快分子完全可能自發地跑向溫度高的區域。

　　這個小惡魔困惑了物理學家將近 150 年，一直不停地有學者對其進行研究。

　　有一位不是很廣為人知的匈牙利猶太人利奧‧西拉德（Leó Szilárd, 1898 ～ 1964），便是研究者之一。西拉德實際上是

一個頗有創意的物理學家和發明家，他在 1933 年構思核連鎖反應，促成了原子彈研發的成功，並與恩里科·費米（Enrico Fermi, 1901 ～ 1954）共同獲得了核反應堆的專利。此外，他還構思了電子顯微鏡以及粒子加速器等。但因為他的這些構思並沒有在學術期刊上發表，因此這些「諾貝爾獎級別」的貢獻最後都歸入了他人的名下。西拉德研究熱力學小惡魔，於 1929 年根據與馬克士威類似的想法，不管馬克士威當年的「統計」初衷，構造了一個只管理「一個」分子的簡化惡魔系統。

如圖 4-6-3 所示，希拉德在他的博士論文設想的思想實驗中，讓馬克士威惡魔操控一個單分子熱機。小惡魔透過測量，了解分子所處的位置是在左側還是右側。如果結果是左側，則在系統的左邊透過一根細繩連接一個重物，單個分子氣體經歷一個等溫過程，透過從環境吸熱而膨脹，並提升重物做功；如果結果是右側，則將重物懸掛於系統的右邊而得到功。

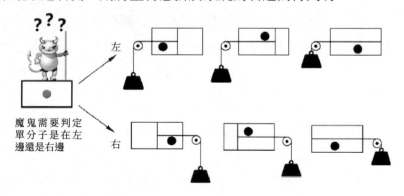

圖 4-6-3 西拉德的單分子引擎

第 4 章　趣談「熵」

　　不考慮小惡魔的測量過程，這個模型像是一個違背第二定律的永動機。使得熵減少的永動機當然是不可能的，西拉德認為問題就正是出在「測量」上。小惡魔進行測量的目的是為了獲得訊息，即在每次完成循環恢復系統原狀的過程中至少需要獲得二進制中一個位元的訊息。訊息的獲取需要付出代價，就是使得周邊環境的熵增加。因此，系統「熱熵」（$k_B T \times l\log 2$）的減少是來自於小惡魔測量過程中「資訊熵」（$\log 2$）的增加。系統總熵值因而也增加，熱力學第二定律仍然成立。

　　難能可貴的是，西拉德透過對單分子引擎（二元系統）的分析，第一次認識到「資訊熵」、「二進制」等概念。回頭追溯歷史，夏農於 1948 年才提出資訊論，而西拉德的工作卻是在1929 年完成的，顯然他已經有了許多模糊的想法。是西拉德第一次認識到訊息的物理本質，將訊息與能量消耗聯繫起來。

　　1961 年，美國 IBM 的物理學家羅爾夫・蘭道爾（Rolf Landauer, 1927 ～ 1999）提出並證明了蘭道爾原理，即電腦在刪除訊息的過程中會對環境釋放出極少的熱量。從「熵」的角度看待這個問題，一個隨機二元變數的熵是 1 位元，具有固定數值時的熵為 0，消除訊息的結果使得這個二元系統的熵從 0增加到 1 位元，必然有電能轉換成了熱能被釋放到環境中，這也是我們的電腦不斷發熱的原因。該熱量的數值與環境溫度成正比，刪除訊息的過程中電能轉變成熱能是不可逆的熱力學過程，因而電腦透過計算而散發熱量的過程也是不可逆的。

不過，蘭道爾又進一步設想：是否可以透過改進電路或算法來減少訊息刪除，從而減少熱量的釋放呢？由此他提出了「可逆計算」的概念，並和他在 IBM 的同事貝內特一起進行研究。所謂可逆計算，就是透過恢復和重新利用丟失數據的能量來盡量減少電腦的能耗。貝內特（Bennett, 1943～）是量子計算與量子訊息領域的電腦專家，他展示了如何透過可逆計算來避免消耗能量，並在 1981 年發表的論文中表明，不耗散能量的「馬克士威惡魔」不存在，並且，這種耗散是發生在「惡魔」對上一個判斷「記憶」的消除過程中。「遺忘」需要以消耗能量為代價，這個過程是邏輯不可逆的。

歷經 150 年的「馬克士威惡魔」妖風不斷，理論物理學家們用這個思想實驗深入思考熱力學的統計意義，實驗物理學家則利用現代的高超實驗技術在實驗室裡研究它。

第一個對此做實驗研究的是德州大學奧斯汀分校的馬克·瑞森（Mark Raizen）小組，他們使用雷射將原子密閉於磁性陷阱中，原子受到的平均勢場，即所謂光學勢，充當馬克士威惡魔的角色，以控制原子的移動方向，對冷原子和熱原子進行排序。2012 年，德國奧格斯堡大學的艾瑞克·魯茲（Eric Lutz）和他的同事，用實驗驗證蘭道爾的訊息擦除原理，根據實驗結果得出訊息的消除具體需要多少能量，證明了蘭道爾的理論確實是正確的。

第 4 章　趣談「熵」

第 5 章
趣談資訊熵

　　薛丁格有句名言：「生物體賴負熵為生」，約翰‧惠勒說過：「萬物皆比特（訊息）」……物理學家們早就預言了「熵」與世界萬物的聯繫，但最後是資訊論之父克勞德‧夏農（Claude Shannon, 1916～2001）將這個概念從物理擴展到了資訊世界……

第 5 章　趣談資訊熵

「熵」 —— 資訊世界大顯身手

　　波茲曼熵的表達式 $S = k_B \ln W$ 中，W 是對應於同一個宏觀態中微觀態的數目，或相空間的體積，但這個定義中有一些含糊之處。

　　首先，「同一個宏觀態」是什麼意思？無論宏觀態是一種人為的約定，還是依賴測量技術來定義的，似乎都不是一個完全固定而清晰的概念。因此，人們可能產生下面的疑問：熵與測量技術有關嗎？熵是絕對的還是相對的？我們對這些問題不深入探究，暫且將波茲曼熵對應的宏觀態理解為微觀能量相同的狀態。由此我們可以繼續假設，對於一個確定的能量 E_i，每一種可能的微觀構形是等機率的（P_i），這樣，波茲曼熵的公式可以表示為機率的形式：$S = - C(E_i) \ln(1/P_i)$。公式中的比例係數 C 是能量的函數。如果考慮系統中存在不止一個能量值，而是多個微觀能量值 $E = E_1$，E_2，$\cdots$，波茲曼熵公式需要做點修改。1878 年，美國物理學家吉布斯（Josiah Gibbs, 1839 ～ 1903）將熵寫成下面的表達式：

$$S_{吉布斯熵} = -k_B \sum_i p_i(E_i) \ln p_i(E_i) \qquad (5\text{-}1\text{-}1)$$

　　吉布斯推導出的熵公式（5-1-1）將熵的定義擴展到能量不唯一確定的系統，即非平衡態系統，使得熵成為非平衡態統計研究中最基本的物理概念，此是後話，暫且不提。1948 年，美

國數學家克勞德・夏農建立資訊論，提出了資訊熵的概念。

$$S_{\text{資訊熵}} = -\sum_i p_i \log_2 p_i \qquad (5\text{-}1\text{-}2)$$

首先比較資訊熵公式（5-1-2）和統計熵公式（5-1-1）有何異同點。第一，k_B 是波茲曼常數，資訊熵當然不予考慮。第二，p_i 是機率，在吉布斯熵中表示一定能量的微觀態出現的機率，資訊熵中將它推廣到資訊論中描述某訊息的隨機變數的機率。第三，式（5-1-1）中的對數以 e 為底，式（5-1-2）中以 2 為底，這點沒有本質區別，兩種熵定義中的對數都能以任何實數為底，得到的單位不一樣而已，自然對數得到 nal，以 2 為底時得到的單位是 bit（比特，又稱位元）。

所以，式（5-1-1）和式（5-1-2）的形式是完全一樣的。由此，有些人便認為兩種熵沒有區別，也有人將熱力學的熵從資訊熵中「推導」出來。實際上，兩種熵的確有同樣的數學基礎，許多概念和結論都可以互相借用、彼此對應。統計物理中也包含了不少與「訊息」相關的內容。但兩者各有各的物理意義和應用範圍，暫時難以完全等同。

為了理解資訊熵，首先要明白，什麼是資訊？或者說，什麼是訊息？

這是一個古老的問題，又是一個現代的問題，也是一個迄今為止仍然眾說紛紜、懸而未決的問題，特別是在社會所認可的廣義訊息的層面上。

第 5 章　趣談資訊熵

　　你要是問：「什麼是訊息？」人人都能列出一大串他稱之為「訊息」的東西：新聞、消息、音樂、圖片……然而如果問：「訊息是什麼？」那就難以回答了。因為你可以說：「音樂是一種訊息」，但你不能說：「訊息就是音樂」；你可以說：「照片是一種訊息」，但你不能說：「訊息就是照片」。要給訊息下個定義是不容易的，「訊息」的定義需要從許多具體訊息表現形式中抽象化出它們的共性來。

　　古人理解的訊息其實很簡單，正如李清照的名句中所述：「不乞隋珠與和璧，只乞鄉關新信息。」看來這只是通俗意義上的「音訊」或「消息」而已。

　　現代人比較講究，注重科學。因而成天思考：訊息到底是什麼？訊息是主觀的還是客觀的？是相對的還是絕對的？

　　例如，臺北淹水，你將這個消息用電話告知你在屏東的兩個朋友，可是 A 說他早知此事，而 B 原來並不知道。因此，這個消息對 A 來說，沒有增加任何訊息，對 B 來說就增加了訊息。B 抱著的小狗好像也聽見了電話中的聲音，但它不懂人的語言，這對它來說也不是訊息。

　　訊息是模糊的還是精確的？

　　你走到樹林裡，豔陽高照、和風習習、桃紅李白、燕飛鳥鳴，大自然傳遞給我們許多訊息，這些算是沒有精確度量過的、模糊的訊息。

　　訊息和「知識」是同一件事嗎？應該也不是。眾所周知，

資訊化社會雖然充滿了訊息，但其中「魚龍混雜、良莠不齊」，以至於大家都希望自己的孩子不要整天沉迷於網路，許多人抱怨：「資訊雖發達，知識卻貧乏」。所以，訊息並不等同於知識！

文學家、哲學家、社會學家……各家各派都對「訊息」有不同的理解和說法。這其中，物理學家們是如何理解和定義訊息的呢？

物理學家們的研究對象是物質和物質的運動，即物質和能量。在他們看來，訊息是什麼呢？是否能歸類於這兩個他們所熟悉的概念呢？

訊息顯然不是物質，它應該是物質的一種屬性，聽起來和能量有些類似，但它顯然也不是能量。物理學中的能量早就有其精確的、可度量的定義，它衡量的是物體（物質）做功的本領。訊息與這種「功」似乎無直接關聯。當然，我們又知道，訊息是很有用的，個人和社會都可以利用訊息來產生價值，這不又有點類似於「做功」了嗎？對此，物理學家仍然搖頭：不一樣啊，你說的好像是精神上的價值。

訊息屬於精神範疇嗎？那也不對啊，在科學家們的眼中，訊息仍然應該是一種獨立於人類的主觀精神世界、客觀存在的東西。因此，到了最後，有人便宣稱：

「組成我們的客觀世界，有三大基本要素：除了物質和能量之外，還有訊息。」

美國學者、哈佛大學的 A.G · 歐廷格（A.G.Oettinger,

第 5 章　趣談資訊熵

1929 ～）對這三大基本要素作了精闢的詮釋：「沒有物質，什麼都不存在；沒有能量，什麼都不會發生；沒有訊息，什麼都沒有意義。」

　　儘管對「訊息是什麼？」的問題難有定論，但透過與物理學中定義的物質和能量相類比，科學家們恍然大悟：訊息的概念如此混亂，可能是因為我們沒有給它一個定量的描述。科學理論需要物理量的量化，量化後才能建立數學模型。如果我們能將「訊息」量化，問題可能就會好辦多了！

　　於是，在 1940 年代後期，一個年輕的科學家，後來被人譽為資訊和數字通訊之父的夏農，登上了科學技術的歷史舞臺。

　　夏農有兩大貢獻：一是資訊理論、資訊熵的概念；二是符號邏輯和開關理論。夏農的資訊論為明確什麼是訊息量的概念，做出了決定性的貢獻。

　　其實夏農並不是將訊息量化的第一人，巨人也得站在前人的肩膀上。1928 年，R.V.H・哈特利（R.V.H.Harley, 1888 ～ 1970）就曾建議用 N log D 這個量表示訊息量。1949 年，控制論創始人維納將度量訊息的概念引向熱力學。1948 年，夏農認為，訊息是對事物運動狀態或存在方式的不確定性的描述。並把哈特利的公式擴大到機率 p_i 不同的情況，得到了訊息量的公式，為我們創立了資訊論，定義了「訊息」的科學意義，成為「資訊論之父」！

・資訊量

暫且不追究「訊息」的嚴格定義，我們討論一下下面 5 段文字所代表的資訊量：

「小妹讀書」；

「小妹今天讀書」；

「我的小妹今天讀書」；

「我的小妹今天去學校讀書」；

「我的小妹今天去學校圖書館讀老子的書」……

很容易看出，上述文字表達的訊息顯然是有「多少」之分的。比如說，幾個句子中，從前到後代表了越來越多的訊息，即每個句子包含的資訊量顯然是越來越大。這裡所說的語句包含的「資訊量」，是基於人們通常理解的直觀語義。那麼，又如何按照夏農的資訊熵公式（5-1-2）來理解訊息、定義資訊量呢？

所謂資訊熵，在通俗意義下可以被粗糙地理解為「訊息」中包含的資訊量。我們仍然以拋硬幣和擲骰子的簡單情形為例來解釋資訊熵公式（5-1-2）。

拋硬幣的結果是一個雙值隨機變數，如果硬幣的兩面勻稱但圖案不同，正反面出現的機率完全相等，各為 1/2，那麼從式（5-1-2）計算的結果：$S_{勻稱硬幣} = （2 \times 0.5）\times（-\log 2（1/2））= 1$ 位元。

第 5 章　趣談資訊熵

擲立方體骰子的結果也是一個隨機變數，骰子有 6 個面，所以該隨機變數的取值範圍可記為 A、B、C、D、E、F。如果是公平骰子，6 個面出現的機率相等，每一個面出現的機率都是（ $p = 1/6$ ），則有：$S_{均稱骰子} = \sum_{i=1}^{6} p_i(-\log_2(p)) = \log_2 6 > 2$ 位元。

拋硬幣和擲骰子例子中的（ $-\log2(p_i)$ ）項，可以看成是「結果為某一個面」這個事件所攜帶的資訊量。因為機率 p_i 總是小於 1，使得資訊量恆為正值。從這兩個例子，還可以見到一個有趣的事實：拋硬幣得正面的機率為 1/2，大於擲骰子時得到「A」的機率 1/6；但是，前者的資訊量為 1 位元，卻小於後者之資訊量（至少 2 位元）。也就是說，機率越小的事件包含的資訊量反而越大。這句話乍一聽感覺怪怪的，不過，用剛才有關小妹讀書的幾個句子對照一下，便發現果然如此。最後一句包含的資訊量比第一句多，「我的小妹今天去學校圖書館讀老子的書」發生的機率顯然要比「小妹讀書」發生的機率小得多，由此而驗證了「機率小，資訊量大」這個事實！

如果硬幣或骰子不是製造得那麼對稱，各個面出現的機率不一樣，比如說，「正」的機率為 0.99，「反」的機率僅為 0.01。將這樣的硬幣擲來擲去，你看到的絕大多數情況都是「正」面，你感覺十分無趣。突然，你發現出現了一個「反」面，你因為少見多怪而驚喜，因為它給了你更多的資訊：這枚硬幣的確是有正反兩面的！說明比較不可能發生的事情，當它真正發生了，能提供你更多的資訊。

・ 資訊熵

擲骰子的例子雖然簡單，但也能說明不少問題。如果要精確計算像「小妹讀書」這個例子中的一句語言包括的資訊量就要複雜多了。句子中的每一個字出現的機率有所不同，一句話中所有字的機率以一定方式組合起來，決定了這一句話出現的機率。於是，夏農給出公式（5-1-2），不僅僅針對語言句子，而是針對一般的所謂「資訊源」，用隨機變數中所有可能事件資訊量的平均值，來度量這個隨機變數「資訊源」的訊息，稱之為「資訊熵」，也叫資訊源熵、自訊息熵等。前面計算而得的 S 勻稱硬幣和 S 勻稱骰子，都是資訊熵。

計算資訊熵的公式（5-1-2）可以推廣到連續取值的隨機變數，只需將式（5-1-2）中的求和符號代之以積分即可。用 $p(x)$ 取代 p_i，是資訊源的事件樣本的機率分布。

所謂通訊，就是訊息的傳輸過程，簡單地說包括資訊源（發出）、頻道（傳送）、接收者（接收）三個要素。比如說，老林收到小張發來的一則消息，小張發出的消息可看作是資訊源，通訊軟體是頻道，老林接收到消息是接收者。夏農的資訊熵，不僅可以描述資訊源，也能描述頻道的容量，即傳輸能力，夏農的理論將通訊問題從經驗轉變為科學。

對上面我們所舉的「小妹讀書」的語言例子，容易使人從「語義」上來理解傳遞的資訊量。這種理解基於人們的經驗，或許與資訊量有點關係，但完全不能等同於通訊工程方面所說

的資訊量。就科學而言，上例中每句話的資訊熵是可以從每個字的資訊量嚴格用公式計算出來的，有時候與那幾句話就語義而做出的判斷完全是兩碼子事。比如說，工程上計算中文、英文資訊熵的方法便與日常所謂的「語義」無關，英語計算中不是用單詞，而用字母，雖然單個漢字有字義，一個英文字母沒有任何語義。

英語有 26 個字母（沒計算空格），假如每個字母使用時出現的機率相同的話，每個字母的資訊量應該為：資訊量（1 個英語字母）＝（−log2（$p_{英文}$））＝−$\log_2$（1/26）＝ 4.7 位元。

漢字的數目大多了，常用的就有約 2,500 個字，假如每個漢字出現機率相同的話，每個漢字的資訊量為：資訊量（1 個漢字）＝（−$\log_2$（$p_{漢字}$））＝−$\log_2$（1/2500）＝ 11.3 位元。

以上計算的英文字母資訊量和漢字資訊量都是假設所有元素出現機率相同的情況，但這點完全不符合事實，英文中 26 個字母各有各的機率，中文的成千上萬個字出現的機率也大不相同。所以，如果想要計算一段話的資訊熵，就必須知道其中每個字的機率以後才能計算。儘管不知道「小妹讀書」例子中每個漢字的機率，但後面的每一句話都包含了前一句話中的所有的「字」，從這一點起碼可以判定，那 5 句話的資訊熵，的確是一個比一個大。

從上面的計算可知，對平均機率分布而言，英文字母的資訊量為 4.7 位元，一個中文字的訊息量為 11.3 位元，這是什麼意

思呢？設想有一本書，分別有英文版和中文版。再進一步設想兩個版本都沒有廢話，表達的資訊總量完全相等。那麼，顯然，中文版的漢字數應該少於英文版的字母數，不知道這算不算漢字的優點，但顯然從英文翻譯而來的中文書，頁數的確要少一些。

夏農的理論以機率論為工具，所以資訊熵更是機率論意義上的熵。統計力學也用機率論，在描述不確定性這一點上是一致的，但統計和熱力學的熵更強調宏觀的微觀解釋，以及熵表達的時間不可逆等物理意義。統計物理中的熵是系統的狀態量，大多數情況下不用作傳遞量，資訊論中很多情況將熵也用作傳遞量，似乎更容易混淆。

「熵」——品類繁多、個個逞強

· 自訊息熵、條件熵、聯合熵、相互資訊

夏農根據機率取對數後的平均值定義資訊熵。如果只有一個隨機變數，比如一個資訊源，定義的是源的自訊息熵。如果有多個隨機變數，可以定義它們的條件機率、聯合機率等，相對應地，也就有了條件熵、聯合熵、相互資訊等等，它們之間的關係如圖 5-2-1 所示。

比如說，最簡單的情況，只有兩個隨機變數 X 和 Y。如果它們互相獨立的話，那就只是將它們看成兩個互相不影響的隨機變數而已，在這種情形，圖 5-2-1（a）中的兩個圓圈沒有交集，

第 5 章　趣談資訊熵

變數 X 和 Y 分別有自己的自訊息熵 H (X) 和 $H(Y)$。如果兩個變數互相關聯，則兩個圓圈交叉的情況可以描述關聯程度的多少。圖 5-2-1 中的條件熵 $H(X|Y)$ 表示的是，在給定隨機變數 Y 的條件下，X 的平均資訊量；相類似地，條件熵 $H(Y|X)$ 是隨機變數 X 被給定的條件下 Y 的平均資訊量。聯合熵 $H(X，Y)$，則是兩個變數 X，Y 同時出現（比如同時丟硬幣和骰子）的資訊熵，也就是描述這一對隨機變數同時發生，平均所需要的資訊量。圖 5-2-1 中兩個圓的交叉部分 $I(X；Y)$ 被稱為相互資訊，是兩個變數互相依賴程度的量度，或者可看作是兩個隨機變數共享的資訊量。

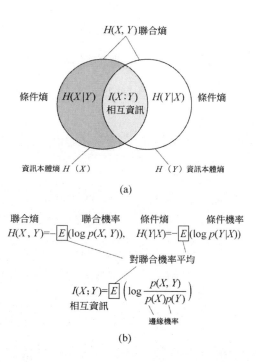

圖 5-2-1 條件熵、聯合熵和相互資訊

訊息論中的熵通常用大寫字母 H 表示,如圖 5-2-1 中的 H (X)、$H(Y)$、$H(X|Y)$、$H(Y|X)$ 等,但相互資訊通常被表示為 $I(X;Y)$,不用字母 H。其原因是因為它不是直接從機率函數的平均值所導出,而是首先被表示為「機率比值」的平均值。從圖 5-2-1 (b) 公式可見,聯合熵是聯合機率的平均值,條件熵是條件機率的平均值,相互資訊則是「聯合機率除以兩個邊際機率」的平均值。

第 5 章　趣談資訊熵

　　直觀地說，熵是隨機變數不確定度的量度，條件熵 $H(X|Y)$ 是給定 Y 之後，X 的剩餘不確定度的量度。聯合熵是 X 和 Y 一起出現時，不確定度的量度。相互資訊 $I(X;Y)$ 是給定 Y 之後，X 不確定性減少的程度。

　　相互資訊的概念在資訊論中佔有核心的地位，可以用於衡量頻道的傳輸能力。

　　如圖5-2-2所示，資訊源（左）發出的訊息透過頻道（中）傳給接收者（右）。資訊源發出的訊號和接收者收到的訊號，是兩個不同的隨機變數，分別記作 X 和 Y。接收者收到的 Y 與資訊源發出的 X 之間的關係不外乎兩種可能：獨立或相關。如果 Y 和 X 獨立，說明由於頻道中外界因素的干擾而造成資訊完全損失了，這時候的相互資訊 $I(X;Y)=0$，接收到的資訊完全不確定，是通訊中最糟糕的情況。如果相互資訊 $I(X;Y)$ 不等於 0，存在如圖 5-2-2 中所示的重疊部分，表明不確定性減少了。圖 5-2-2 中兩個圓重疊部分越大，相互資訊越大，表明訊息丟失越少，雜訊越小。如果 Y 和 X 完全相互依賴，它們的相互資訊最大，等於它們各自的自訊息熵。

　　相互資訊在本質上也是一種熵，可以表示為兩個隨機變數 X 和 Y 相對於它們的聯合熵的相對熵。相對熵又被稱為互熵、交叉熵、KL 散度等。

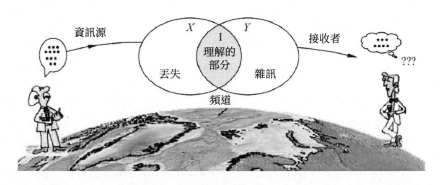

圖 5-2-2　訊息傳輸過程中的相互資訊

首先，對一個隨機變數 X，如果有兩個機率函數 $p(x)$，$q(x)$，相對熵被定義為：

$$D(p \parallel q) = \sum_{i=1}^{n} p(x) \log \frac{p(x)}{q(x)}$$

在相互資訊的情形，如圖 5-2-1（b）的 $I(X;Y)$ 表達式，被兩個隨機變數 X 和 Y 定義，也可看成是相對熵，在一定程度上，可以看成是兩個隨機變數距離的度量。

兩個隨機變數的相互資訊不同於機率論中常用的相關係數（correlation）。相關係數表示兩個隨機變數的線性依賴關係，而相互資訊描述一般的依賴關係。相關係數一般只用於數值變數，相互資訊可用於更廣泛的包括以符號表示的隨機變數。

老鼠和毒藥問題

　　有不少數學趣題與資訊熵有關，首先介紹一個「老鼠和毒藥」的問題。

　　有 100 個一模一樣的瓶子，編號為 1～100。其中有 99 瓶是水，有 1 瓶是看起來像水的毒藥。只要老鼠喝下一小口毒藥，一天後就會死亡。現在，你有 7 隻老鼠和 1 天的時間，如何檢驗出哪個號碼瓶裡是毒藥？

　　我們把該問題叫做「問題 1」，解決此題的方法可謂二進制應用的經典：

　　首先，將瓶子的 10 進制編號數改成 7 位的二進制碼。然後，讓第 1 隻老鼠喝所有二進制碼第 1 位是 1 的瓶子中的水；讓第 2 隻老鼠喝所有二進制碼第 2 位是 1 的瓶子中的水……以此類推下去。這樣，每個老鼠第二天的死活情況就決定了毒水瓶子二進制碼這一位的數字：老鼠死，對應 1，反之為 0。換言之，將 7 隻老鼠死活情況排成一排。比如說結果是「死活死死活活死」的話，毒水瓶子的二進制標籤就是：1011001，轉換成十進制，得到 89。

　　這道題可以有很多種在各個參數方向的擴張和一般化，每種情況的解都夠你研究好一陣子。比如，如果我們把題目稍加變化，成為「問題 2」：

有 100 個一模一樣的瓶子，編號為 1～100。其中有 99 瓶是水，有 1 瓶是看起來像水的毒藥。只要老鼠喝下一小口毒藥，一天後則死亡。現在，給你 2 天的時間，請你告訴我，你至少需要多少隻老鼠，才能檢驗出哪個號碼瓶裡是毒藥？

與原來的題目比較，會發現這個題目有兩個變化：一是給你的時間多了 1 天。因為老鼠喝毒藥 1 天之後將死去，2 天意味著你可以做兩次實驗，這給了你一個額外的時間維（實驗次數），有可能讓你用更少數目的老鼠，達到同樣的目的。二是提問的方式。這次的問題是：你至少需要多少隻老鼠？回答這類問題，是只要估計一個下限就可以。對你來說，做實驗的小白鼠多多益善，但你的老闆要花錢買牠們，他得考慮經濟效益。當你還沒有完全把方案想清楚之前，你好歹給老闆一個交代呀。這種時候，資訊論便能派得上一點用場。

所謂用資訊論，實際上完全用不上資訊論的任何高深埋論，用的只不過是夏農定義的計算資訊量（熵）的公式而已。用牛刀殺雞雖然太大，但用它鋒利的小尖給開個小口也未嘗不可。感謝夏農，他在定量研究的科學領域中，將原來模模糊糊的資訊概念，天才地給予了量化，使我們在解數學問題時也能牛刀小試。

不僅僅是這道題，還有後面將介紹的「秤球問題」，都是能用此「牛刀」而有所受益的。實際上，筆者認為，許多數學

問題的解決，都能和資訊這把「牛刀」沾上邊。因為從資訊的角度來分析某些問題，可以使你登高望遠，對問題能有更深層的理解，更容易融合各學科的間隙，達到藉他山之石而攻玉的效果。

科學（不僅限於數學）上的大多數研究，說穿了也就是一個處理「資訊」的過程。擯棄無用的資訊，想辦法得到有用而正確的資訊，用以消除原來課題中的不確定性，得到更為確定的科學規律。

根據夏農的資訊概念，資訊能消除不確定性，而我們在解決數學題的時候，也是要消除不確定性，得到確定的答案。並不僅僅是「老鼠問題」如此，大多數問題都或多或少是一個「消除不確定性」的過程。因此，我們可以借用夏農的工具，研究我們的問題有多少不確定性。也就是說，研究一下需要多少資訊量才能解決這個問題？另外，根據題目所限制的手段，最多能夠得到多少資訊量？有無可能完全解決這個問題？

具體到老鼠和毒藥的問題。在 100 瓶液體中有 1 瓶有毒，那麼每 1 瓶有毒的機率是 1/100，這時候要確定毒藥瓶子所需的資訊量 $H = -(p_1 \log p_1 + p_2 \log p_2 + \cdots + p_{100} \log p_{100})$。因為所有的瓶子完全相同，所以這是一個等機率問題，$p_1 = p_2 = \cdots = p_{100} = 1/100$。得到 $H = -\log(1/100)$。

下面計算從老鼠能得到的資訊量。

首先考慮「問題 1」，即給定時間為 1 天的情況。1 天後，每隻老鼠或死或活，因此能夠提供 1 位元的訊息，7 隻老鼠則能提供 7 位元的訊息。

再看看剛才列出的確定毒藥瓶所需的資訊量 H 的公式：

$$H = -\log(1/100) < -\log(1/128) = 7 \text{ 位元。}$$

因此，「問題 1」應該可以解決，這個可能性是資訊論提供給我們的。實際上，應該不僅僅是可能性，這種計算資訊量位元數的方法能啟發我們的思考。在解題時，學習別人解題的方法固然重要，而探討別人是如何想到這種方法的，可能更為重要。比如對這個「老鼠毒藥問題」，如果想到二進制，此題就容易了。否則的話，好像有點束手無策之感。

我們再來討論「問題 2」。

所需要的資訊量 H 的計算是和「問題 1」一樣的。然而，從每隻老鼠能得到的資訊量的計算，卻可能會有所不同，因為我們還絲毫未曾談及如何解決這個「問題 2」。

「問題 2」和「問題 1」的差別是在於老鼠可以參加接連兩次實驗。在「問題 1」中，只能做一次實驗時，老鼠有兩種狀態：死或活。因此它可利用的資訊量是 1 位元。如果能做兩次實驗，兩次實驗中都有生死的可能性，僅就邏輯而言，老鼠有 4 種可能情況：生生、生死、死生、死死。但其中的第 3 種情形：死生，是不可能發生的，因為在第一天的實驗中死了的

老鼠，不可能在第二次實驗後又活過來。所以我們要將第一天實驗中死了的老鼠，排除在第二次實驗之外。所以，對「問題2」，老鼠有 3 種狀態，每種狀態的機率為 1/3。因此，從一隻老鼠得到的資訊量：$S = -(1/3\log(1/3) + 1/3\log(1/3) + 1/3\log(1/3)) = \log(3)$。如果將這裡的對數取以 3 為底的話，可以說成，每隻老鼠能得到的資訊量是一個三進制位。

有多少隻老鼠才能使總資訊量大於 $\log(100)$ 呢？

解方程式：$k \times \log(3) > \log(100) => 3_k > 100$，可得到 $k \geq 5$。

因此，至少要 5 隻老鼠，這便是「問題 2」的解。

「問題 2」直接所問的問題已經有了答案：實驗至少需要用 5 隻老鼠。況且，從理論上來說，從 5 隻老鼠能提供的最大資訊量，轉換到可能檢驗的最多瓶子數：$3^5 = 243$，已經大大地超過了 100，餘量很多，將這個數目提供給老闆，問題不大。

但是無論如何，5 隻老鼠到底能否判定出有毒的瓶子，還需我們想出具體檢驗的方案才能定論。因此，我們繼續思考「問題 3」（「問題 2」的延伸）：在能做兩次實驗的條件下，如何找出有毒的瓶子？

沿著剛才資訊量計算的思路，「問題 1」的最優答案用二進制有關的實驗方法得到；「問題 2」中估計老鼠數目的下限時，用到了三進制。那麼，在能做兩次實驗的條件下，找出有毒的瓶子的最佳方案是否與三進制有關？

試試看吧。首先，將瓶子的號碼轉換成 5 位的三進制。為什麼是 5？5 隻老鼠？對，由於同樣的原因，最大的十進制號碼 100 需要用「5 位的三進制」來表示。這 100 個 5 位三進制碼列表如下：

00001，

00002，

00010，

00011，

00012，

00020，

00021，

00022，

⋮

10201

第一次實驗：從左到右，讓第 1 隻老鼠喝所有三進制碼第 1 位是 2 的瓶子中的水；讓第 2 隻老鼠喝所有三進制碼第 2 位是 2 的瓶子中的水……以此類推下去。這樣，每個老鼠第二天的死活情況就決定了毒水瓶子三進制碼這一位的數字是不是 2：老鼠死，2；老鼠活，1 或 0。

第一次實驗中死去的老鼠沒有白死，它的死決定了毒水瓶三進制碼的這位數字是 2！雖然這隻老鼠為「2」而犧牲了，但這一位的數字也被決定了。

第 5 章　趣談資訊熵

第一次實驗中沒死的老鼠也沒有白白地冒險，也為我們提供了訊息：毒水瓶子三進制碼的這一位的數字肯定不是 2！所以，我們可以將三進制碼這位是 2 的瓶子去除，因為它們肯定無毒。

第二次實驗：讓沒死的老鼠喝下所有 3 進制碼的該位數字為 1 的瓶子中的水。這個老鼠一天後的死活情況便決定了毒水瓶子三進制碼這一位的數字是 1 還是 0：老鼠死，1；老鼠活，0。

這個問題可以類推到更一般的問題：假設有 n 個瓶子，其中有 1 個瓶子中的水有毒，做實驗的小白鼠喝了毒水 1 天後死去。給你 i 天的時間和 k 隻老鼠。問 n 的最大值是多少？如何實驗，才能檢測出毒水瓶來？

答案：有 i 天的時間，你可以做 i 次實驗，因為死了的老鼠不能繼續實驗，i 次實驗後，老鼠總共的可能狀態有 $(i+1)$ 個：第 1 次就死去、第 2 次死、第 3 次死、……、第 i 次死、一直活著。能檢測的最多水瓶數 $n = (i+1)^k$。檢測方法：將所有瓶子用 k 位的 $(i+1)$ 進制數編碼，然後，遵循上面所述 $i = 2$ 類似的過程，i 天之後，根據 k 個老鼠的狀態，可以確定毒水瓶的 $(i+1)$ 進制數值。

透過用資訊論解老鼠喝毒藥的這個簡單練腦題，說明了科學思考方法的重要性。

秤球問題

作為資訊論應用於數學題的另一個例子，我們再來分析「秤球」問題。

秤球問題是說，用天平秤 k 次，在 n 個球中找出唯一的一個重量不標準的特殊球來，n 最大是多少？如何找？有關這個特殊球的說法，通常有 3 種變形：

1. 已知特殊球是更輕（或更重）。

2. 不知特殊球的輕重，找出它並確定輕重。

3. 也不需要確定「輕重」。

利用資訊熵的概念，可計算出在這 3 種情形下 n 的最大值，並且幫助思考構成算法的過程：

1. 已知特殊球是更輕（或更重），這時 n 的最大值為 3^k。

2. 不知特殊球的輕重，找出它並確定輕重，這時 n 的最大值為 $(3^k - 3)/2$。

3. 也不需要確定「輕重」，這時 n 的最大值為 $(3^k - 1)/2$。

下面首先分析第 1 種問題。為解釋起來更為直觀，設定 k = 3。換言之，我們的具體問題是：如何用天平秤 3 次，從 27 個球中找出唯一一個稍輕的球？

在 27 個球中只有 1 個球稍輕，可能發生的情形為 27 種，每個球為特殊球的機率是 1/27。類似於上面所說老鼠試藥的問

題，要確定是「哪一隻」老鼠，所需的總資訊量為 log27。

　　在此題中的判定手段，被限制為天平。那麼，天平每秤一次，最多可以提供多少資訊量呢？或者是說，可以為解題消除多少不確定性？天平秤一次後，有 3 種結果：左輕右重（A）、左重右輕（B）、平衡（C）。因此，秤一次所消除的不確定性為 log3。接連秤 3 次後，所消除的不確定性為 3×log3 ＝ log27。

　　根據剛才的分析，在這個問題中，判定輕球所需的資訊量與天平秤 3 次能獲得的資訊量剛好相等。因此，用最佳的操作方法，有可能解決這個問題。

　　既然從資訊論做出的估算，給了我們解決問題的希望，那我們就試試看吧。

　　天平似乎與三進制有關，我們便首先優選三進制。將 27 個球貼上三進制碼的標籤：

　　000、001、002、010、011、012、020、021、022、100、101、102、110、111、112、120、121、122、200、201、202、210、211、212、220、221、222。

　　將三進制碼中，第 1 位（左）為 0 的 9 個球放天平左邊，第 1 位為 1 的 9 個球放天平右邊，秤 1 次。如果天平平衡，則特殊球三進制碼第 1 位是 2；左輕右重，第 1 位是 0；左重右輕，第 1 位是 1。總而言之，秤這一次，確定了特殊球三進制碼第 1 位的數字。

　　接下去，繼續秤，逐次確定特殊球三進制碼各位的數字，

問題解決了。這個第 1 類問題不難推廣到任意秤 k 次的情形。

下面再分析第 2 類秤球問題：特殊球不知輕重，最後需確定輕重的情況。具體來說就是，天平秤 3 次，要找出 12 個球中那個唯一的又「不知輕重」的特殊球。

將兩個問題對比一下，共同之處是都用天平。因此，天平秤 3 次能提供的最大資訊量仍然是 log27。不同之處是如何計算找出特殊球所需要的資訊量。

因為現在要找出的特殊球「不知輕重」，因此對每個球來說，不確定性增多了，這也是能判定的球的數目大大減少了（從 27 變到 12）的原因。

現在，考慮這 12 個球，其中一個是或輕或重的特殊球的各種可能性。如果這個球是更輕的特殊球，記為－；更重的，記為＋。因此，可能的特殊球分布情況：1＋，1－，2＋，2－，…，12＋，12－。共 24 種情形，所需要的資訊量則為 log24。這個值小於天平秤 3 次所能提供的最大值，所以，可能有解，那我們就試試看吧。

將 12 個球作如下編碼：

(000＋，000－)、(001＋，001－)、(010＋，010－)、(011＋，011－)、(100＋，100－)、(101＋，101－)、(110＋，110－)、(111＋，111－)、(200＋，200－)、(201＋，201－)、(210＋，210－)、(211＋，211－)

這裡，除了抽取了部分三進制的編碼之外，還對每個球都

給貼上了（＋、－）兩個標籤，以表明此球「或輕或重」而成為特殊球的兩種可能性，也可等效於另一層編碼。

然後，將第 1 位為 0 的 4 個球（第 1 行）放天平左邊，第 1 位為 1 的 4 個球（第 2 行）放天平右邊，秤第 1 次。

1. 如果天平左輕右重，這也許是第 1 行中的某個球輕了，或是第 2 行中某球重了而造成的：000 －、001 －、010 －、011 －、100 ＋、101 ＋、110 ＋、111 ＋。

2. 反之，如果天平左重右輕，也許是第 1 行中的某個球重，或是第 2 行中某球輕而造成的：000 ＋、001 ＋、010 ＋、011 ＋、100 －、101 －、110 －、111 －。

3. 如果天平平衡，則特殊球在第 3 行的「毫不知輕重」的 4 個球（200、201、210、211）中。雖然是 4 個球，仍然有 8 種可能性：200 ＋、200 －、201 ＋、201 －、210 ＋、210 －、211 ＋、211 －。

前面兩種情形類似，都是將特殊球限制到了「半知輕重」的 8 個球中。所謂半知輕重，是因為該球有一個已經確定的附加標籤（＋或－）。比如說，編碼為（000 －）的球是個「半知輕重」的球，而編碼為（000）的球是個「毫不知輕重」的球。對（000 －）來說，儘管尚未確定此球是否是特殊球，但有一點是明確的：如果它是特殊球的話，它只能是更輕的特殊球。而球（000）則有「輕的特殊球」或「重的特殊球」兩種可能

性。因此,「半知輕重」球比「毫不知輕重」的球少了一半的不確定性。判定所需的資訊量也成為一半。

天平不平衡的情形,問題成為「秤 2 次,從這 4 個半知的『輕球』,及 4 個半知的『重球』中找出特殊球」的問題。

為此,取 2 個輕球和 1 個重球放天平的一邊,另 2 個輕球和 1 個重球放天平的另一邊。秤第 2 次之後便將問題歸為秤 1 次從 3 個半知輕重球中找出特殊球的問題。

這個問題在戴維 J.C.麥凱（David J.C.MacKay, 1967 ～ 2016）資訊論的書中有敘述,借用他的圖表（圖 5-4-1）,其中秤球的過程看得很清楚,所以不再贅述。

需要指出一點:在天平平衡的情形,秤第 2 次時,需要用到秤第 1 次後確定的標準球,即天平上的 8 個球。標準球是能夠提供資訊的,每個標準球在每次秤量中最多能提供 1 位元的訊息。

下面再對第 3 類秤球問題稍加分析。天平秤 3 次,要找出 13 個球中那個唯一的又「不知輕重」的特殊球的問題。

類似於第 2 類問題,將 13 個球作如下編碼:

(000＋,000－)、(001＋,001－)、(010＋,010－)、(011＋,011－)、(100＋,100－)、(101＋,101－)、(110＋,110－)、(111＋,111－)、(200＋,200－)、(201＋,201－)、(210＋,210－)、(211＋,211－)、(222＋,222－)

與第 2 類問題不同的是天平平衡時的情況。這時需要從 5 個球、10 種狀態中找出特殊球:

(200＋，200－)、(201＋，201－)、(210＋，210－)、(211＋，211－)、(222＋，222－)

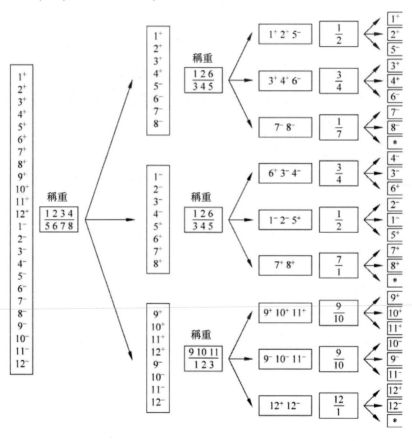

圖 5-4-1　資訊論和秤球問題

　　將 5 球中的 3 個放在天平一邊，3 個標準球放另一邊。天平不平衡情形的最後一次秤法與第 2 類問題同，不同的又是天平平衡時的情形。

天平平衡的情形，留下了 2 個不知輕重的球。因為我們有標準球可用，取 2 個待定球中的任何一個與標準球比較，如果不平衡，此球則為特殊球，並知其輕重；如果平衡，另 1 球為特殊球，但不能判定其輕重。

不要把雞蛋放在同一個籃子裡

在上面兩個用資訊熵方法解數學題的例子中，我們經常說：「使用最佳方案」，只有使用最佳化的操作方法，才能達到資訊論所預期的上限。這裡所說的最佳方案，與資訊論中的「最大資訊熵原理」有關。

什麼是最大資訊熵原理？它來自於熱力學及統計物理中的熵增加原理。要講清楚這個問題需要的篇幅太多，在此只作簡單介紹。

用通俗的話來說，最大資訊熵原理就是當你對一個隨機過程不夠了解時，你對機率分布的猜測要使得資訊熵最大。熵最大就是事物可能的狀態數最多，複雜程度最大。換句話說，對隨機事件的預測要在滿足全部約束條件下，保留各種可能性。

比如你的女朋友叫你猜猜她的生日是哪一個月？如果你曾經看過她出生不久的照片，是秋天，那你可以猜測她生日是夏季的機率比較大；如果你對此完全沒有概念，你就最好是對一年中的每一個月都一視同仁，給予相同的可能性。另一個例子

是買股票投資的時候，專家會建議你買各種類型的不同股票。「不要把雞蛋放在同一個籃子裡！」投資專家這樣解釋。這句話的意思，其實就是警告你要遵循最大資訊原理，對難以預測的股票市場，最好的策略是盡可能多地保留各種可能性，才能降低預測的風險。

在「老鼠毒藥問題」中，盡量讓每個老鼠試喝相等數目瓶子的水；在秤球問題中，盡可能使天平「左、右、平」的球的數目相等，這都是考慮最大資訊熵原理而選擇的最佳策略。

· 最大熵原理

熱力學和統計物理中有熱力學第二定律，即熵增加原理，訊息論中則有最大熵原理。

我們在日常生活中經常碰到隨機變數，也就是說，結果不確定的事件，如拋硬幣、擲骰子等。還有，球隊 A 要與球隊 B 進行一場球賽，結果或輸或贏；明天的天氣，或晴或雨或多雲；股市中 15 個大公司的股價，半年後有可能是某個範圍之內的任何數值……但是，在大多數情況下，人們並不知道隨機變數的機率分布，或者說，只知道某個未知事件的部分知識而非全部，有時候往往需要根據這些片面的已知條件來猜測事件發生的機率。有時猜得準，有時猜不準。猜不準損失一點點，猜準了可能賺大錢。事件發生的隨機性及不可知性，就是支持賭城的機器不停運轉的賭徒心態的根源。

人們猜測事件發生的機率，多少帶有一定的主觀性，每個人有他自己的一套思考模式。如果是一個「正規理性」（這個概念當然很含糊，但假設大多數人屬於此類）思維的人，肯定首先要充分利用所有已知的條件。比如說，如果小王知道球隊A在過去與其他隊的10場比賽中只贏過3次，而球隊B的10場比賽贏過5次的話，他就應該將賭注下到球隊B上。但是，小李可能了解了更多的消息：球隊B的主要得力球員上個月跳槽到球隊A來了，所以他猜這次比賽球隊A贏的可能性更大。

除了盡量利用已知訊息外，還有沒有什麼其他客觀一點的規律可循呢？也就是說，對於隨機事件中的未知部分，人們「會」如何猜測？人們「應該」如何猜測？舉例說，小王準備花一筆錢買15個大公司的股票，如果他對這些公司一無所知，他選擇的投資方案很可能是15種股票均分。如果有位行家告訴他，其中B公司最具潛力，其次是G公司。那麼，他可能將更多的錢投資到B公司和G公司，其餘的再均分到剩下的13種股票中。

上面的例子基本符合人們的常識，科學家卻意識到這其中可能隱藏著某種大自然的玄機。大自然最玄妙的規律之一是最小作用量原理，說凡事講究最佳化。統計規律中的隨機變數也可能遵循某種極值規律。

如上所述，隨機變數的資訊熵與變數的機率分布曲線對應。那麼，隨機變數遵循的極值規律也許與熵有關！資訊熵來自於熱力學熵，資訊熵的「不確定程度的度量」也可以用來解

釋熱力學熵。當然，熱力學中（物理中）不確定性的來源有多種多樣，必須一個一個具體分析。經典牛頓力學是確定的，但是，我們無法知道和追蹤尺寸太小的微觀粒子的情況，這點帶來了不確定性。其原因也許是因為測量技術使我們無法追蹤，也許是因為粒子數太多而無法追蹤，也有可能是我們主觀上懶得追蹤、不屑於追蹤。反正就是不追蹤，即「不確定」！如果考慮量子力學，還有不確定原理，那種非隱變數式的愛因斯坦反對的本質上的不確定。即使是牛頓力學，也有因為初始條件的細微偏差而造成的「混沌現象」、蝴蝶效應式的不確定。此外，還有一種因為數學上對無窮概念的理解而產生的不確定。

　　總之，物理中的熵也能被理解為對不確定性的度量，物理中有熵增加原理，一切孤立物理系統的時間演化總是趨向於熵值最大，朝著最混亂的方向發展。那麼，熵增加原理是否意味著最混亂的狀態是客觀事物最可能出現的狀態？從資訊論的角度看，熵最大意味著什麼呢？ 1957 年，美國華盛頓大學聖路易斯分校的物理學家 E.T · 傑恩斯（E.T.Jaynes, 1922～1998）研究該問題，並提出資訊熵的最大熵原理，其主要思想可以用於解決上述例子中對隨機變數機率的猜測：如果我們只掌握關於分布的部分知識，應該選取符合這些知識，但熵值最大的機率分布。因為符合已知條件的機率分布一般有好幾個，熵最大的那一個是我們可以做出的最隨機、最符合客觀情況的一種選擇。傑恩斯從數學上證明了：對隨機事件的所有預測中，熵最

大的預測出現的機率占絕對優勢。

接下來的問題是：什麼樣的分布熵值最大？對完全未知的離散變數而言，等機率事件（均衡分布）的熵最大。這就是小王選擇均分投資 15 種股票的原因，不偏不倚地每種股票都買一點，這樣才能保留全部的不確定性，將風險降到最小。

如果不是對某隨機事件完全無知的話，可以將已知的因素作為約束條件，同樣可以使用最大熵原理得到合適的機率分布，用數學模型來描述就是求解約束條件下的極值問題。問題的解當然與約束條件有關。數學家們從一些常見的約束條件得到幾個統計學中著名的典型分布，如高斯分布、伽馬分布、指數分布等。因此，這些自然界中的常見分布，實際上都是最大熵原理的特殊情況。最大熵理論再一次說明了造物主的「智慧」，也見證了「熵」這個物理量的威力！

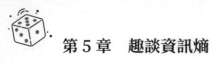

第 5 章　趣談資訊熵

第 6 章
趣談網際網路中的機率

　　網際網路與機率有什麼關係呢？實際上，網際網路是一種巨大的隨機網路。隨機網路的意思是說，這種網路的頂點數目不固定，頂點之間是否有連線等，都是隨機變化的。換言之，隨機網路的頂點數及連線規則都不是固定不變的，而是以一定機率出現的隨機變數。隨機網路並不限於網際網路，還有如今因其而誕生的各種社交網，諸如聊天軟體群組、臉書、推特等，甚至可以擴展到一般的社團、教堂、學校等大大小小的人際關係網。在某種意義上，這些都可用隨機網路作為數學模型。

　　下面，我們首先介紹巨大隨機網路中的一個有趣現象……

大網路中的小世界

　　文人們往往感嘆世界之宏大，歷史之久遠，生命之短促和個人之渺小，這些都是不爭的事實。不過有時候，偌大的世界中意料之外的事也經常發生。比如說在遠離故土的國外，你偶然與一個剛認識的人聊天，卻意外地發現他談到一個你的國小同學。這時候，你們兩人可能會不約而同地脫口而出：「啊，這世界還真小！」

　　世界到底是大還是小？這個世界到底有多大？不同的人有不同的回答：

　　地理學家說：地球的半徑是 6,370 公里，赤道的周長大約 4 萬公里，這就是我們的世界。天文學家說：世界比地球大多了！地球只是宇宙中的滄海一粟，就拿太陽系為例子吧，太陽系的半徑大約為 50 天文單位，1 天文單位大約是 1.5 億公里，這個距離，連宇宙中最快的光都要跑 8 分鐘。這還只是太陽系。你說說看，我們的整個宇宙世界有多大？

　　前面是科學家們的說法。信佛的人說：佛日「一花一世界，一樹一菩提」。世界嗎，自己去理解啦，你覺得它有多大就有多大。

　　閒話少說，言歸正傳。我們要問的是：我們的網路世界到底有多大？

　　談到網路世界，也得具體指出，是哪一個網路世界？就像

大自然遍布各種樹木和花草一樣,我們的文明社會也交織著各種網路:實在的或抽象的、有形的或無形的、技術的或人文的、歷史的或現代的。無形的網,諸如國家之間、社團之間、家庭之間、人與人之間的關係網,錯綜複雜、撲朔迷離。有形的網,諸如電力網、電話網、交通網、運輸網等等。

如今的網際網路,可謂包羅萬象,它將全世界的政治、經濟、生活、文化、科學、技術、教育、醫療等我們生活中的各個方面,全部糾結在一起。

除了網際網路,還有全球資訊網,它們有何區別呢?簡單地說,網際網路包括了網路結構、硬體軟體、連接方式、傳遞協議等多個領域的複雜知識;而全球資訊網所指的比較單純,說的是網頁之間的聯繫,更符合抽象的「網路」。人與人之間也連成了各種各樣大大小小的網,即人際關係網,這類網路隨處可見,並不依賴於網際網路而存在,但網際網路卻擴展和強化了人際關係網。此外,網際網路還將所有的關係網連接到一起,形成所謂的「地球村」。地球村中的居民,構成一個巨大的世界範圍內的「人聯網」。

網際網路、全球資訊網,以及社會中的各類人際關係網有一些共同的特點,本章中感興趣的共同特點有兩個:一是它們的網路結構不是固定的,而是不斷變化的,具有某種隨機性。二是在這些巨大的網路世界中,有一個有趣的「小世界現象」!

第 6 章　趣談網際網路中的機率

何謂「小世界現象」？如何來度量網路的大小？讓我們慢慢從一般網路的數學模型談起。

網路和圖論

任何網路都可以抽象化為一個由許多頂點和連線組成的「圖」，18 世紀偉大的瑞士數學家李昂哈德·歐拉（Leonhard Euler, 1707 ～ 1783），從研究七橋問題而創造的圖論，便成為構造網路世界數學模型最適用的數學工具。

圖論中的「圖」是由許多頂點和連線構成的，是頂點與連線的集合。比如，如圖 6-2-1 所示的都是圖的例子：

必須強調的是：圖論只感興趣於圖中的「連線」如何連接「頂點」，也就是說感興趣於圖的拓撲結構，而不感興趣它們的幾何位置及形狀。這樣，圖 6-2-1 中的（a）、（b）、（c）其實都是等效的圖，圖（d）則是另一種類型。總而言之，圖的定義初看簡單，實際上五花八門、種類頗多。

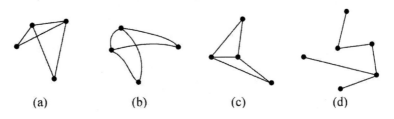

(a)　　　　　(b)　　　　　(c)　　　　　(d)

圖 6-2-1　圖的典型例子

又如何從具體網路來定義圖的連線和頂點呢？對此只能具體情況具體分析。比如像全球資訊網這樣的網路，每一個網頁可以看成是一個頂點，網頁之間的關係是否有明顯連結？就用點與點之間有沒有連線來表示。對人際關係網來說，可以將每個人當作圖中的一個頂點，人與人之間的關係，比如認識或不認識，就構成圖中頂點之間的連線。用「圖」作為網路模型的方式不是唯一的，視研究對象而定，比如說人際關係網，可以以個人為頂點，也可以以一個團體（群組）作為頂點，它們的直觀區別如圖 6-2-2 所示。

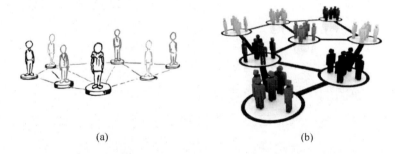

(a)　　　　　　　　　　　　　(b)

圖 6-2-2　不同類型的網路
（a）個人為頂點構成的圖；（b）群組為頂點構成的圖

人際關係網可大可小，有各種各樣的連接方式，構成各種不同的圖。舉下面兩個簡單例子予以說明：一個有 200 個人的教堂，如果這個教堂的每個人都互相認識，意味著任意兩人之間都有 1 條連線互相到達，在圖 6-2-3（a）中畫出了 6 個互相認識的人所構成的圖，將其推廣到 200 個頂點的情形便能描述

那個教堂。第二個例子是一個 100 人的小公司，分成部門一和部門二，分別有經理 A 和 B。公司員工之間互相不聯絡，兩個經理 A、B 互相聯絡，且分別聯絡自己部門的所有員工。這種情形的簡化版本可用圖 6-2-3（b）來描述。

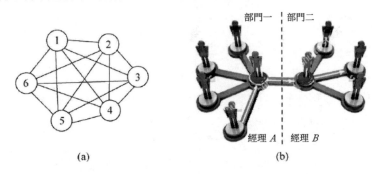

圖 6-2-3　人際關係網兩個例子的簡化示意圖
（a）200 人的教堂中人們互相認識；（b）100 人的公司有兩個部門

前面的例子中，圖的連線並無方向性。在這種網路中，人們的關係只是一種簡單的「互相認識」關係。如此構成的圖，稱之為簡單圖。網路圖可以有方向，比如我們考慮「我認識歐巴馬，歐巴馬不認識我」之類的情況的話，就得在網路圖的連線上畫上單向或雙向的箭頭，這樣構成的圖，稱之為有向圖。

虛擬網路世界的人際關聯網，如電子郵件、臉書、推特等等，所對應的是具有數億個頂點和連線的巨大的「圖」，這種圖已經與 200 多年前歐拉所研究的圖有了本質的區別：這些巨大的圖是隨機的、統計的、算法的。舉全球資訊網為例，剛才說過，可以把全球資訊網中的每個網頁看作是圖的頂點，網頁

之間的連結作為圖的連線。那麼，根據 2016 年的資料，全球資訊網所構成的圖有超過 140 億個頂點和幾十億條連線。並且，圖的頂點和連線都不是固定的，而是每時每刻都在隨機變化著，臉書等社交網路連成的人際關聯網也是如此。

網路的大小

　　網路的大小也就是所對應的圖的大小。在圖論中，有好幾個術語與圖的大小有關，比如其中之一為「階」（order），指的是圖的頂點數；另一個是「尺寸」（size），指的是圖的連線數。我們感興趣的是另一個術語「圖的直徑」。

　　在幾何中，用點和點之間的最大距離，也就是直徑，來描述幾何體的大小。我們用圖論中的「直徑」來衡量網路世界的大小。簡單地說，圖論中兩個頂點之間的距離被定義為其間最短路徑所經過的連線的數目，而直徑則與幾何中類似地被定義為所有頂點間的最大距離。

　　圖 6-3-1 用兩個簡單例子來直觀說明「圖的直徑」。

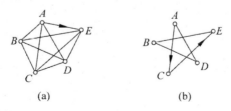

(a)　　　　　　　　　(b)

圖 6-3-1　「圖的直徑」
（a）直徑＝ 1，A 到任何一點都只需 1 步；（b）直徑＝ 2，A 到 E 點需要 2 步

第 6 章　趣談網際網路中的機率

　　圖 6-3-1（a）的圖有 5 個頂點、10 根連線，每個點到其他任何點都只需要 1 步，由此而得該圖直徑為 1。圖 6-3-1（b）的圖有 5 個頂點、5 根連線，每個點到其他任何點都需要 2 步，因此該圖直徑為 2。

　　圖論中的直徑概念，在人際關係的實例中，可以如此描述：人際關係網的大小，定義為任意兩個人之間，最多要經過多少個關係（連線數）才能互相到達。比如圖 6-2-3（a）所示的有 200 個人的教堂中，每個人都互相認識，意味著任意兩人之間都有 1 條連線互相到達。因此，這個教堂人際關係網的「直徑」是 1。而圖 6-2-3（b）中有 100 個人的公司的情形下，在每個部門內部，員工之間沒有直接連線，需要透過自己的部門經理而互相聯結，也就是要經過 2 條連線。而部門一的員工 C，要到達部門二的員工 D，則需透過 3 層關係：C↔A，A↔B，B↔D，三條連線。因此，這個公司人際關係網的「直徑」是 3。

　　從前面的幾個例子不難看出，如此所定義的圖的大小，並不等同於頂點數和連線數。圖 6-3-1（b）的網路比圖 6-3-1（a）的網路連線數更少，直徑卻更大。人際關係網的大小，也與網的人數無關。從人數來看，200 個人的教堂大於 100 個人的公司；而從直徑大小看，公司網路的直徑為 3，大於教堂的網路直徑 1。所以，關係網的直徑所度量的，不是人的多少，而是人與人之間關係緊密的程度，連接越緊密，直徑越小。

對巨大又複雜的隨機網路，諸如全球資訊網這些大網所對應的巨圖，我們仍然可以用與剛才類似的方式來定義它的直徑（大小）。只不過，現在的數學量都應該是統計意義上的，所以，任何量的前面都應隱含地冠以「平均」二字。比如以全球資訊網為例，我們說：全球資訊網的大小（直徑）定義為從一個網頁到另外任意一個網頁，鼠標最多需要點擊次數的平均值。

那麼，遍布地球、超過 140 億個頂點和幾十億條連線的全球資訊網的直徑是多大呢？你恐怕會猜測它是一個天文數字。

出人意料的是，全球資訊網的直徑並非如全球資訊網的網頁數目那樣巨大，而是大約等於 19。這個值的意思是說：從全球資訊網的一個網頁，要聯結任意另一個網頁，平均最多需要按 19 次鼠標。從 140 億到 19，這便是大網路中的小世界現象！最早由美國微軟研究者鄧肯‧沃茨（Duncan Watts, 1971 ～）和美國數學家史蒂芬‧斯托加茨（Steven Strogatz, 1959 ～）在 1998 年提出。

有趣的隨機大網路

現在，我們將圖論中直徑的概念用到巨大的全世界「人聯網」上。

根據世界人口統計，到 2016 年 9 月 12 日，全世界有 73.38 億人。如果將死去的人都包括在內的話，應該是幾百億的數量

級。這樣一個人類大社會構成的巨大人際關係網,它的「直徑」會有多大呢?研究結果更是出人意料,它的直徑只等於6,又是一個大網路中的小世界!可以用解釋全球資訊網直徑類似的方法來理解這個6。也就是說,地球上任何兩個人之間,平均最多透過6次關聯,就能互相到達。這就是所謂「六度分隔」的說法。

最初有關六度分隔理論的想法,來源於一位匈牙利作家兼詩人弗里傑什·卡琳西(Frigyes Karinthy, 1887 ~ 1938)在1929 年寫的一則題為「連結」的短故事。文中他聲稱,任何兩位素不相識的人,比如總統和一名普通工人之間,只需要很少的中間人(5 個)而聯繫起來。之後,哈佛大學心理學教授史丹利·米爾格蘭(Stanley Milgram, 1933 ~ 1984)於 1967年根據這個概念做過一次原創實驗來測試此理論。

不過,超過 30 年來,對這個所謂的人際聯繫網六度分隔理論,仍然有所爭議。比如說,這個「6」,是否會隨著時間而變化呢?變化的速度如何?臉書的團隊在這個變化率上有所研究,見圖 6-4-1。2016 年,他們根據在臉書上註冊的 15.9 億人的資料,認為目前的「網路直徑」是 3.57,但學者們對此有不同的看法。

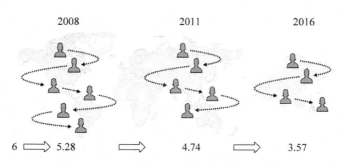

圖 6-4-1　六度分隔的變遷？（數據來自臉書）

除了「直徑」之外，還有兩個有趣的特性表徵與人際關係網大小有關的性質：那是「聚類係數」和「度分布曲線」。

聚類係數可以用來描述人際關係中的「物以類聚，人以群分」的抱團、聚類現象。

聚類係數的數值從 0 到 1 變化。用通俗的話來說，如果在一個人際關係網中，每個人所有的朋友互相都是朋友，這個網的聚類係數就是 1。反之，如果每個人的朋友互相之間全都不認識，這個網的聚類係數就是 0。因此，聚類係數越大，說明團體內部越緊密；聚類係數越小，說明組織越鬆散。

對人際關係網聚類係數的研究表明，人際關係網的聚類係數是一個小於 1，但大大地大於 $1/N$ 的數，這裡 N 是關係網的總人數。人類社會有明顯的社團現象。各社團內部聯繫緊密，社團和社團之間，有相對少得多的連線相連，稱之為「弱紐帶」。而正是這些弱紐帶，在形成「小世界」模型上，發揮著非常強大的作用。有很多人在找工作時會體會到這種弱紐帶的效果。透過弱

紐帶的連接，人際關係網的「直徑」迅速變小，人與人之間的距離變得非常「相近」。錯綜複雜的人際關係網，才會因此表現出了六度分隔的現象。

度分布曲線（圖 6-4-2）則可描述人際關係中各種人物的重要程度。人際關係網中的度分布曲線，用通俗的說法，就是網中朋友數目的分布曲線 $p(k)$，這裡 k 是「朋友數」，$p(k)$ 是「朋友數」為 k 的人數。比如說，如果有一個 100 人的社團，每個成員都是完全同等重要的，每個人都有而且只有 10 個朋友，那麼除了 10 之外，朋友數為別的數目（1，2，…，9，11，12 等等）的機率（人數）都是 0。所以，這個人際關係網的朋友數分布曲線就是一個只在 10 這個數值處等於 100 的 δ 函數。但實際上的人類社會，顯然不是一個平均同等的社會。每個人的重要性由他所處的社會位置所決定。比如說，總統、社會名流或是影視明星的社交圈要比普通人大得多。舉例說，大多數的人（上億個人）平均每人有 10 ～ 100 個朋友，而名人們則可能平均每人有多於 120 個朋友，性格孤僻的一夥人可能平均每人只有幾個朋友，這樣的話，度分布曲線看起來是在 10 ～ 100 之間出現高峰的一條不規則的鐘形曲線。

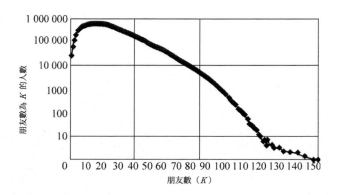

圖 6-4-2　度分布曲線

第 6 章　趣談網際網路中的機率

第 7 章
趣談人工智慧的統計

　　人工智慧的應用已經滲入我們的日常生活中。它近年來的成功崛起，來源於電腦速度的提升、儲存量的增加、雲端運算的興起、大數據時代的來臨等等。然而，還有一個關鍵卻鮮為人知的因素：貝氏統計的應用。因此有人比喻說，當今的人工智慧技術，部分歸功於計算和統計的聯姻……

AlphaGo 世紀大戰

　　美國的 Google 公司經常出其不意地推出一款新產品來引爆輿論、搏人眼球。2016 年初，他們「牽」出了一條精通圍棋的「阿爾法狗」（AlphaGo），挑戰人類的頂級圍棋大師李世石，並以 4：1 的比分獲勝（圖 7-1-1）。之後，升級的「AlphaGo」又以「Master」的網名約戰中日韓圍棋大師，並取得 60 局連勝。

　　雖然業內人士並不認為「AlphaGo」代表了人工智慧的巔峰，它在人機大戰中取勝也絲毫不能說明機器的智力已經超過人類，但它確實將人工智慧、機器學習、神經網路、深度學習、蒙地卡羅搜尋等一大堆專業名詞拋到了普通大眾的面前，讓這些科學概念進入了普通人的生活中。

圖 7-1-1　電腦圍棋手「AlphaGo」大戰李世石

其實，人工智慧的成果早已經悄悄地滲透進了現代人的生活，在你的手機上就有不少的應用。比如人臉識別，這種在 10 年前對經典電腦程式而言頗為困難的技術，目前在手機上已經是司空見慣了。

　　就電腦的「棋藝」而言，十幾年前 IBM 的象棋冠軍「深藍」與「AlphaGo」相比，也不能同日而語。如今看來，深藍是一臺基本只會使用窮舉法的「笨機器」，猶如一個勇多謀少的冷血殺手。然而，這種窮舉方法對格點數大得多的 19×19 圍棋棋盤來說已經成為不可能，因為每走一步的可能性太多了。「AlphaGo」使用的是機器學習中的「深度學習」，利用計算技術加機率論和統計推論而達到了目的。說到這裡，不由得使人聯想到有些類似於之前我們介紹過的「頻率學派與貝氏學派」的差異，一個基於「窮舉」，一個基於「推論」。也許這個比喻並不十分恰當，但貝氏的一套方法，從貝氏定理、貝氏方法，到貝氏網路，的確是「AlphaGo」以及其他人工智慧技術的重要基礎。

　　「AlphaGo」使用的關鍵技術叫做「多層卷積神經網路」，網路的層與層之間像瓦片一樣重疊排列在一起，輸入是 19×19 大小的棋局圖片。如圖 7-1-2 所示，第一部分包括一個 13 層的監督學習策略網路，每層有 192 個神經元，用以訓練 3,000 萬個圍棋專家的棋局，可以被理解成是機器模仿人類高手的「落子選擇器」。其次，是 13 層的強化學習策略網路，透過自我對

弈來提升監督學習策略網路，目的是調整策略網路的參數朝向贏棋的目標發展。在學習期間，策略網路每天可以自對弈 100 萬盤之多，而人類個體一輩子也下不到 1 萬盤棋，計算技術之威力可見一斑。「AlphaGo」的最後部分是一個估值網路，或者說，是它的「棋局評估器」，用以預測博弈的贏者，注重於對全局形勢的判斷。總結而言，「AlphaGo」有效地把兩個策略網路、估值網路和蒙地卡羅搜尋樹結合在一起，充分利用圍棋專家的資料庫及自我對弈和評估之策略而取勝。

　　最終版本的「AlphaGo」使用了 40 個搜尋執行緒，48 個中央處理器（central processing unit，CPU）和 8 個圖形處理器（graphics processing units，GPU）。分布式的 AlphaGo 版本利用了多臺電腦，40 個搜尋執行緒，1202 個 CPU，176 個 GPU。正因為「AlphaGo」採取了新型的機器深度學習算法，充分利用了網際網路的優越性，才得以挫敗人類頂級選手而旗開得勝。

　　何謂機器學習和深度神經網路？首先，我們簡要地回顧一下人工智慧的歷史。

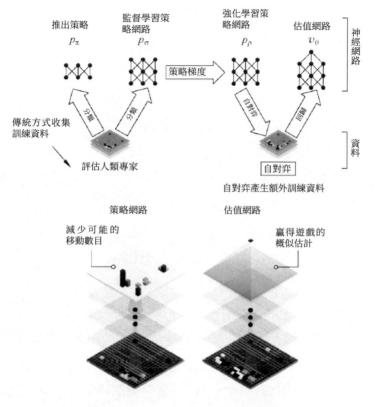

圖 7-1-2　「AlphaGo」算法原理圖

人工智慧發展的三起三落

　　讓機器具備智慧，像人一樣思考，這是人類很早以來的夢想。從實用的觀點來說，人工智慧之夢可以說與現代電腦的發展同步，理論上也是起始於幾位數學家的構想和研究。從 1900

第 7 章　趣談人工智慧的統計

年大衛・希爾伯特（David Hilbert, 1862～1943）提出 23 個未解的數學難題後，繼而有哥德爾（Kurt Gödel, 1906～1978）的不完備性定理、馮紐曼（John von Neumann, 1903～1957）的數字電腦構形、圖靈的圖靈機等等，都推動著計算技術的蓬勃發展。不過，試圖將電腦的經典數理邏輯方法用於模擬人腦，使人總感覺有某種先天不足的缺陷，因為人腦的思考過程中有太多「模糊」的直觀意識和不確定性，似乎與嚴密的數字計算格格不入！因此，幾十年來計算技術突飛猛進長足發展，人工智慧卻三起三落、廣受詬病。

英國數學家艾倫・圖靈（Alan Turing, 1912～1954），對電腦及人工智慧的貢獻，在科學技術界眾人皆知。

1950 年 10 月，圖靈發表了一篇題為《電腦器械與智慧》的論文，設計了著名的圖靈測試（圖 7-2-1），透過回答一些問題來測試電腦的智力，從而判定到底是臺機器，還是一個正常思維的真人。可別小看這個你也想得出來的簡單概念，該論文當時引起了人們的極大關注，奠定了人工智慧理論的基礎。

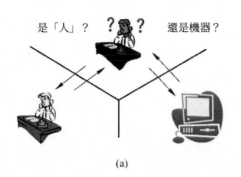

是「人」？ ？？ 還是機器？

(a)

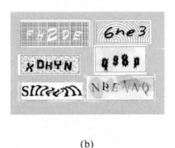

(b)

圖 7-2-1　圖靈測試

　　圖靈測試在網際網路上有諸多應用，比如可舉一個你經常能碰到的實例：當你註冊了一個社群網站，成為使用者後，如果你要再次登入，經常會被要求看一張圖像，就像在圖 7-2-1（b）所示的那種字母或數字被變形歪曲了的圖像。網站放上這種圖像的目的也就類似一種最簡單的圖靈測試，看看你到底是機器還是人，從而預防有人編寫程式來登入網站。

　　1960 ～ 1970 年代，人工智慧經歷了一段黃金時期，獲得了暴漲式的發展，有關機器推理、機器定理證明等好消息接踵而至。然而，這方面的進展也很快地遭遇瓶頸，還有更為令人沮喪的情形發生在機器翻譯等領域。舉一個簡單的例子：電腦將下面這個英語句子：The spirit is willing but the flesh is weak.（心有餘而力不足。） 翻譯成俄語後，再翻譯回英語，得到的結果是：The wine is good but the meet is spoiled.（酒是好的，但肉變質了。）

第 7 章　趣談人工智慧的統計

　　諸如此類的錯誤讓人們當年對人工智慧領域的科學家們嗤之以鼻，隨之而來的是人工智慧方面的項目經費大縮減。電腦技術仍然發展，人工智慧領域卻似乎進入了寒冷的冬天。

　　之後，又有專家系統、知識工程等人工智慧方法相繼問世，傳統的人工智慧研究者們奮力掙扎，但都未能解決根本問題。其原因是什麼呢？因為人們原來總是試圖利用電腦的超級計算能力來實現「智慧」，以為智慧是等於知識加計算，對電腦而言就是 CPU 的速度加硬碟容量。但事實上，人腦的運行和準確、快速的計算完全是兩碼子事，智慧並不是來自於精準的邏輯運算，而是摻雜了許多不確定的隨機因素。也就是說，人工智慧的實現需要機率和統計的加盟。但是，這種「隨機」的因素如何才能滲透其中呢？這些想法最後促使某些研究者回到「小孩子是如何學習的？」這一類人類認知面對的最基本問題。

　　是啊，為什麼不模仿人類大腦的最基本工作方式，即學習過程呢？於是，所謂人工神經網路模型，以及「機器學習」的各種算法便應運而生。眾所周知的基本教育模式有兩大類：一是從上到下的灌輸式，二是自下而上的啟發式，兩者各有優劣，相互補充。利用現代啟發式的教育方法，讓孩子自己學習，遠遠勝過傳統教育中僅僅將知識進行灌輸的方式。那麼，對待機器，我們是否也應該思考這一點呢？圖靈等大師們發展起來的傳統人工智慧之路，總是希望機器要比人類更善於思考複雜的問題，解決數學難題，在某種程度上類似於採取灌輸式

的教育方式。而之後研究的神經網路和機器學習，便是試圖讓機器模仿孩子們學習的過程。

話雖這麼說，但事實上，最早的神經網路研究可以追溯到1943 年電腦發明之前，那時候就已經有了類似於當前使用的單個神經元計算模型。儘管如此，神經網路研究在幾十年中卻一直沒有得到好的結果，其中有多種原因。

從 1980 年代開始，逐漸形成了人工智慧三大學派，分別試圖從軟體、硬體和身體這三個角度來模擬和理解智慧：第一個是傳統的、繼承自圖靈的符號學派；第二個是研究神經網路，試圖從結構的角度來模擬智慧的連接學派；第三個是模仿更低級智慧行為的行為學派。

三大學派有同有異，時分時合，引領著坎坷的人工智慧研究邁進了新的世紀，直到近 10 年來令人驚訝的大爆發。這其中，幾位領軍人物的堅持不懈起了極大的作用（圖 7-2-2）。

一位是人稱「深度學習鼻祖」的傑佛瑞‧辛頓（Geoffrey Hinton, 1947 ～）。可以說沒有他就沒有如今如此繁榮發達的人工智慧。

辛頓是電腦界和數學界赫赫有名的邏輯大師喬治‧布爾（George Boole, 1815 ～ 1864）的玄孫。他出生於英國，後為加拿大多倫多大學教授，最近幾年任職於 Google，致力於工業界的人工智慧的研究開發。辛頓從 1970 ～ 1980 年代開始，就決心探索神經網路，並在這個冷門的領域裡堅持耕耘

30 多年。他研究了神經網路的反向傳播算法、波茲曼機等等，最後於 2009 年，利用深度學習技術研究語音辨識取得重大突破。目前，辛頓和任職臉書的卷積神經網路之父楊立昆（Yann LeCun, 1960 ～），以及加拿大蒙特婁大學教授、機器學習大神約書亞‧班吉歐（Yoshua Bengio, 1964 ～），被譽為當代人工智慧的三位主要奠基人。

| 傑佛瑞‧辛頓 | 楊立昆 | 約書亞‧班吉歐 | 麥可‧喬丹 |
| (Geoffrey Hinton) | (Yann LeCun) | (Yoshua Bengio) | (Michael I.Jordan) |

圖 7-2-2　當代人工智慧的幾位奠基人

可以說，近年來人工智慧研究重新繁榮發達起來，復興的關鍵之一是來自於經典計算技術和機率統計的「聯姻」。如今仍然難以判定這是否就是人工智慧應該走的正確道路，但從目前幾年發展趨勢看來，總算是已經開始驅散籠罩在漫長嚴冬上的迷霧，帶來了人工智慧的春天。

美國加州大學柏克萊分校的麥可‧喬丹（Michael I.Jordan, 1956 ～），以促進機器學習與統計學之間的聯繫而知名，他推動人工智慧界研究者廣泛認識到貝氏思考方法的重要性，使得貝氏統計分析成為人們關注的焦點。

神經網路實際上只不過是對大腦的一種模擬，但迄今為止，我們對大腦的結構以及動力學的認識還相當初級，尤其是神經元活動與生物體行為之間的關係還遠未建立。像喬丹一類研究深度學習的學者認為，貝氏公式概括了人們的學習過程，配合上大數據的訓練能使得網路性能大大改善，因為人腦很可能就是這樣一種多層次的深度神經網路。

綜上所述，當今人工智慧突破的關鍵是在「機器學習」。人類的智慧來自於「學習」，想用機器模擬人的智慧，也得教會它們如何「學習」。學習什麼呢？實際上就是要學會如何處理數據。實際上，這也是大人教孩子學會的東西：從感官得到的大量數據中挖掘出有用的訊息來。如果用數學的語言來敘述，就是從數據中建模，抽象出模型的參數

現今機器學習的任務，包括了「回歸」、「分類」、「聚類」三大主要功能。在以下幾節中，將透過一些具體實例對此作簡單介紹。

回歸是統計中常用的方法，目的是求解模型的參數，以便「回歸」事物的本來面目，其基本原理可用圖 7-2-3 簡單說明。

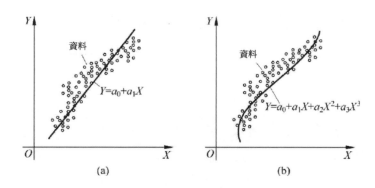

圖 7-2-3　回歸的兩個簡單例子
（a）簡單線性回歸；（b）立方多項式回歸

　　圖 7-2-3（a）是簡單線性回歸，以直線為數學模型，根據數據來估算兩個參數 a0 和 a1 的值。在更為複雜的回歸方法中，採用的是更為複雜的曲線來進行模型預測，因而模型使用的參數更多，比如圖 7-2-3（b）的立方多項式回歸中，有 4 個參數。

　　除了回歸之外，「分類」和「聚類」是機器學習中的重要內容。將事物「分門別類」，也是人類從嬰兒開始，對世界認知的第一步。家長教給孩子：這是狗，那是貓。這種學習方法屬於「分類」，是在媽媽的指導下進行的「監督」學習。學習也可以是「無監督」的，比如說，孩子們看到了「天上飛的鳥、飛機」等，也看到了「水中游的魚、潛艇」等，很自然地自己就能將這些事物分成「會飛的」和「會游的」兩大類，這種方法被稱為「聚類」。

深度學習技術，最初是在語音辨識領域中取得成功的。語音辨識中的關鍵模型：隱馬可夫模型，是我們第 3 章中介紹的典型隨機過程 —— 馬可夫鏈的延拓和擴展。

隱馬可夫模型

假設有 3 個不同的骰子：一個常見的 6 面骰子（骰 6），還加上一個 4 面骰子（骰 4）和一個 8 面骰子（骰 8），如果均為公平骰子，3 種骰子得到每一個面的機率分別為 1/6、1/4 和 1/8，如圖 7-3-1 所示。

現在，我們開始擲這 3 個骰子，每次從 3 個骰子（骰 6、骰 4、骰 8）裡隨機地挑一個，等機率的情況下，挑到每一個骰子的機率都是 1/3。然後反覆地重複「挑骰子、拋骰子、挑骰子、拋骰子……」，便會產生一系列的狀態（骰子面上的數字）。例如，我們有可能得到如下一個數字序列 A：

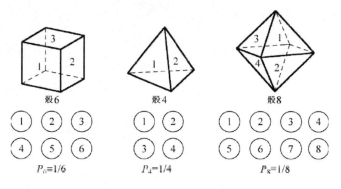

圖 7-3-1 擲三種骰子的結果

假設我們只能看見面上的數字，並不知道該數字是從哪一個骰子得到的，比如說，3 個骰子都有可能得到數字 3，不過數字 7、8 只有骰 8 才能拋出來⋯⋯

　　根據以上的說法，序列（7-3-1）只是一個從外界觀察到的「骰子面」數字序列，並不等同於 3 個骰子實際拋丟的序列：

　　　　骰₄　骰₆　骰₈　骰₆　骰₈　骰₆　骰₆　骰₈

　　　　骰₄　骰₈　骰₆　　　　　　　　　　　　　　（7-3-2）

　　但兩者發生的機率之間有某種關聯。一般來說，將序列（7-3-1）叫做可觀察序列，序列（7-3-2）叫做隱藏序列。因為被隱藏的序列（7-3-2）是一個馬可夫鏈，所以這個擲骰子例子構成了一個「隱馬可夫模型」，如圖 7-3-2 所示。圖 7-3-2 中，隱藏著的馬可夫鏈的狀態轉換機率矩陣用 A 表示，在 3 個骰子等機率選擇的情形下，矩陣 A 中的所有機率都是 1/3。但事實上這個機率矩陣可以根據問題需要而任意設定。

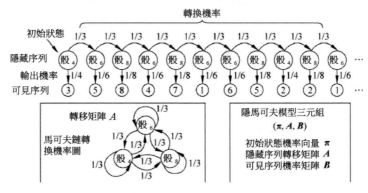

圖 7-3-2　隱馬可夫模型 1

使用更為數學化的語言：隱馬可夫模型 λ 是由初始狀態機率向量 π、狀態轉移機率矩陣 A 和觀測機率矩陣 B 三個基本要素決定的，可以用三元符號表示為：

$$\lambda = (\pi，A，B)$$

不少實際問題都可被抽象成隱馬可夫模型，還有一個最常見的簡單例子是維基百科中所舉的從朋友的活動情況來猜測當地的氣象模型，如圖 7-3-3 所示。

從三個基本要素，可以歸納出隱馬可夫模型的三個基本問題：給定隱馬可夫模型，求一個觀察序列的機率，稱之為「評估」；搜尋最有可能生成一個觀察序列的隱藏狀態序列，稱之為「解碼」；從給定的觀察序列生成一個隱馬可夫模型，稱之為「學習」。對這些不同問題的解答，有多種分析和算法，我們不在此贅述。

隱馬可夫模型是隨機過程，即一系列隨機變數的延伸，但人工智慧需要解決的問題可能是多維的隨機變數。比如說，如果語音可以看作是一維的時間序列的話，圖像就是二維的，而影片則涉及三維的隨機變數。更一般而言，將隨機變數的機率和統計的理論，與圖論結合起來，不僅僅限於時間相關的「過程」，而是形成了各種多維的機率圖（或網路）的概念，諸如貝氏網路、馬可夫隨機場等。

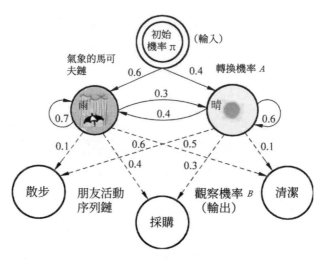

圖 7-3-3　隱馬可夫模型 2

支援向量機

　　支援向量機不是一種「機器」，而是指用於分類與回歸分析中處理數據的一種算法。簡單地說，如果給定一組數據，每個數據都已經被標記為屬於兩個類別中的一個或另一個，如圖 7-4-1（a）所示，左下的方框為一類，右上的圈為另一類。如果讓你將圖中這兩類已知類別的數據分開來，是很容易的事：在它們的間隙中畫條直線就可以了。不過，從圖 7-4-1（a）可以看出，畫分隔直線的方法很多，應該選擇哪一條呢？支援向量機便是用電腦算法來選擇其中的一條，使得該直線與兩邊離得最近的點盡可能保持最寬的距離。就像圖 7-4-1（b）中的那條

直線，與最接近的 3 個數據點（圖中表示為實心的圈和方框）保持間隙最大。這幾個最接近的數據點構成的向量，被稱為「支援向量」。

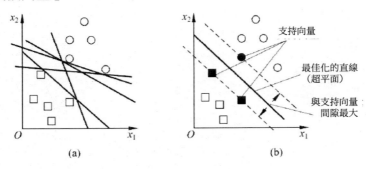

圖 7-4-1　支援向量機
（a）多條直線能夠分類數據；（b）間隙最大的那條

也就是說，最簡單的支援向量機是一個二元線性分類器。然而，如果已經得到的數據情況不是那麼簡單，無法用二維平面上的一條直線將它們分隔開的時候，SVM 可以使用所謂的核方法，將其數據輸入隱式映射到高維特徵空間中，有效地進行非線性分類。在此僅舉一個簡單例子說明這一點。

如圖 7-4-2（a）的數據，便無法用直線將平面上的兩類數據分開，但支援向量機可以將數據相應地輸入到一個三維空間中（圖 7-4-2（b）），相當於對數據做了一個非線性變換。然後，在這個高一維的空間中，按照類似的「與支援向量盡可能保持最大間隔」的算法，用一個平面來分開兩類數據。最後，再將平面投射到原來的二維空間中，得到分割線為一個圓形，

見圖 7-4-2（c）。一般情況下，低維的數據可以輸入到更高維數
的空間中，然後尋找一個能夠分隔數據的超平面，最後再將超
平面投影到原來的低維空間。

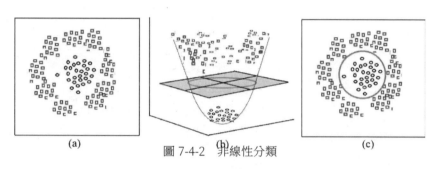

（a）　　　　圖 7-4-2　非線性分類　　　（b）　　　　　　　（c）

　　以上所述的在高維空間中用超平面「切一刀」，將空間一
分為二的「分類」算法，可用於機器接收數據被「訓練」的
過程。一旦訓練完成，新的數據到來時，支援向量機便可根據
新數據所屬的區域將其歸類。

單純貝氏分類器

　　貝氏公式也可以用來將數據進行分類，下面舉例說明。

　　假設我們測試了 1,000 個水果的數據，包括如下三種特徵：
形狀（長）、味道（甜）、顏色（黃），這些水果有 3 種：蘋
果、香蕉、梨子，如圖 7-5-1（a）所示。現在，使用一個貝氏
分類器，它將如何判定一個新給的水果的類別？比如說，這個
水果 3 種特徵全具備：長、甜、黃。那麼，貝氏分類器應該可

以根據已知的訓練數據給出這個新水果是每種水果的機率。

水果	長	甜	黃	總數
香蕉	400	350	450	500
蘋果	0	150	300	300
梨子	100	150	50	200
總數	500	650	800	1000

(a)

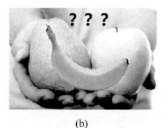

(b)

圖 7-5-1　貝氏分類器

(a) 1,000 個水果的數據；(b) 需要預測的水果：長、甜、黃

首先看看，從 1,000 個水果的數據中，我們能得到些什麼？

1. 這些水果中，50% 是香蕉，30% 是蘋果，20% 是梨子。也就是說，P（香蕉）$= 0.5$，P（蘋果）$= 0.3$，P（梨子）$= 0.2$。

2. 500 個香蕉中，400 個（80%）是長的，350 個（70%）是甜的，450 個（90%）是黃的。也就是說，P（長 | 香蕉）$= 0.8$，P（甜 | 香蕉）$= 0.7$，P（黃 | 香蕉）$= 0.9$。

3. 300 個蘋果中，0 個（0）是長的，150 個（50%）是甜的，300 個（100%）是黃的。也就是說，P（長 | 蘋果）$= 0$，P（甜 | 蘋果）$= 0.5$，P（黃 | 蘋果）$= 1$。

4. 200 個梨子中，100 個（50%）是長的，150 個（75%）是甜的，50 個（25%）是黃的。也就是說，P（長 | 梨子）$= 0.5$，P（甜 | 梨子）$= 0.75$，P（黃 | 梨子）$= 0.25$。

以上的敘述中，$P(A|B)$ 表示「條件 B 成立時 A 發生的機率」，比如說，P（甜|梨子）表示梨子甜的機率，P（梨子|甜）表示甜水果中，梨子出現的機率。

　　所謂「單純貝氏分類器」，其中「單純」一詞的意思是說，數據中表達的訊息是互相獨立的。在該例子的具體情況下，就是說，水果的「長、甜、黃」這 3 項特徵互相獨立，因為它們分別描述水果的形狀、味道和顏色，互不相關。「貝氏」一詞便表明此類分類器利用貝氏公式來計算事後機率，即：$P(A|$新數據$)=P$（新數據$|A$）$P(A)/P$（新數據）。

　　這裡的「新數據」＝「長、甜、黃」。下面分別計算在「長、甜、黃」條件下，這個水果是香蕉、蘋果、梨子的機率。對香蕉而言：P（香蕉 | 長、甜、黃）＝P（長、甜、黃 | 香蕉）P（香蕉）$/P$（長、甜、黃）。

　　等式右邊第一項：

　　P（長、甜、黃 | 香蕉）＝P（長 | 香蕉）$\times P$（甜 | 香蕉）$\times P$（黃 | 香蕉）＝$0.8 \times 0.7 \times 0.9 = 0.504$。

　　以上計算中，將 P（長、甜、黃 | 香蕉）寫成 3 個機率的乘積，便是因為特徵互相獨立的原因。最後求得：P（香蕉|長、甜、黃）＝$0.504 \times 0.5/P$（長、甜、黃）＝$0.252/P$（長、甜、黃）。

　　類似的方法用於計算蘋果的機率：P（長、甜、黃 | 蘋果）＝P（長 | 蘋果）$\times P$（甜 | 蘋果）$\times P$（黃 | 蘋果）＝$0 \times 0.5 \times 1 = 0$。

P（蘋果 | 長、甜、黃）$= 0$。

對梨子：P（長、甜、黃 | 梨子）$= P$（長 | 梨子）$\times P$（甜 | 梨子）$\times P$（黃 | 梨子）$= 0.5 \times 0.75 \times 0.25 = 0.09375$。

P（梨子 | 長、甜、黃）$= 0.01873/P$（長、甜、黃）。

分母：P（長、甜、黃）$= P$（長、甜、黃 | 香蕉）P（香蕉）$+ P$（長、甜、黃 | 蘋果）P（蘋果）$+ P$（長、甜、黃 | 梨子）P（梨子）$= 0.270\,73$。

最後可得：P（香蕉 | 長、甜、黃）$= 93\%$，P（蘋果 | 長、甜、黃）$= 0$，P（梨子 | 長、甜、黃）$= 7\%$。

因此，當你給我一個又長、又甜、又黃的水果，此例中曾經被 1,000 個水果訓練過的貝氏分類器得出的結論是：這個新水果不可能是蘋果（機率 0），有很小的機率（7%）是梨子，最大的可能性（93%）是香蕉。

分布的分布

頻率學派和貝氏學派的重要區別之一是對機率模型「參數」的不同理解。頻率學派認為模型參數是固定而客觀存在的，貝氏學派則把模型的參數也當作一些不確定的隨機變數。比如說，拋硬幣的結果是一個隨機事件，與硬幣結構的公平性有關。在頻率學派看來，硬幣也許是公平的，也許不公平，由鑄造時的某個固定物理參數決定。貝氏學派則將硬幣的公平性

也看成是一個不確定的隨機變數。所以，對貝氏學派而言，硬幣實驗中有兩類隨機變數：描述硬幣「正反」的一類隨機變數，和表徵硬幣偏向性的另一類隨機變數（參數）。那麼如果問道：「該硬幣是一個公平硬幣的機率有多大？」這裡指的就是「機率的機率」。如果談及公平性的機率分布特性的話，那就是「分布的分布」了。硬幣的例子所舉是最簡單的「分布的分布」，貝氏推論的核心是貝氏公式，即從更多的觀測數據，不斷地調整和修正參數型隨機變數所對應的分布：

事後機率分布＝觀測數據決定的調整因子 × 事前機率分布

將上式表達得稍微「數學」一點：

$$P(Y \mid 資料) = \{P(資料 \mid Y) / P(資料)\} \times P(Y)$$
$$= 概似函數 \times P(Y) \qquad (7\text{-}6\text{-}1)$$

P（數據）可以暫不考慮，以後會將它放到機率的歸一化因子中。

式（7-6-1）中的 $P(Y)$ 是先驗分布，$P(Y \mid$ 數據）是考慮到了更多數據條件下的後驗分布，$P($ 數據 $\mid Y)$ 是（正比於）概似函數。

再次以簡單的「擲硬幣」實驗為例，首先研究一下概似函數。與硬幣「正反」隨機性對應的二項離散變數，事件要嘛發生（p），要嘛不發生（$1-p$）。如果發生 m 次，不發生 n 次，概似函數的形式為：$P^{m}(1-p)^{n}$。

如果我們能找到一種分布形式來表示先驗分布，乘以概似函數後，得到的後驗分布仍然能夠保持同樣的函數形式的話，便不僅具有代數公式的協調之美，也會給實際上的機器計算帶來許多方便之處。具有上述優越性質的分布叫做「共軛先驗」。

· 貝它分布

　　很幸運，下面的貝它（beta）分布就具有我們要求的共軛先驗性質，也就是說，貝它分布是二項分布的共軛先驗：

$$f(x; a, b) = x^{a-1}(1-x)^{b-1}/B(a, b) \qquad (7\text{-}6\text{-}2)$$

　　式（7-6-2）中用 $f(x; a, b)$ 表示貝它分布，其中的 $B(a, b)$ 是通常由伽馬（gamma）函數定義的貝它函數，在這裡意義不大，只是作為一個歸一化的常數而引進，以保證機率求和（或積分）得到 1。

· 簡單舉例

　　事實上，僅僅從硬幣物理性質的角度來看，頻率學派的觀點似乎言之有理。硬幣正反面的偏向性顯然是一種固定的客觀存在。但是，除此之外，還有很多其他不確定的情況，就不見得符合這種「參數固定」的模型了，比如量子現象是其中一例。下面再舉一個簡單例子。

　　用簡單的「雨」或「無雨」來表示某城市氣候中的「雨晴」狀態。該城市已經有了 10 天的「雨晴」記錄，其中 3 天

有雨，7 天無雨，因而可以由此記錄得到一個貝它先驗分布：f（雨；3，7）。

　　然後，再過 8 天後，觀測到新的數據：其中 7 天有雨、1 天無雨，事後機率仍然是一個貝它分布，不過參數有所改變：f（雨；10，8），見圖 7-6-1。

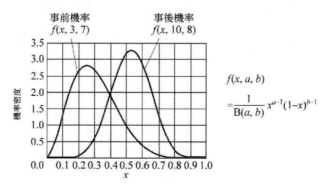

圖 7-6-1　貝它分布分析氣候問題

　　與貝它分布類似，下一節將介紹的中國餐館過程也是一種分布的分布。

中國餐館過程

　　中國菜舉世聞名，中國餐館遍及全球。但你可能沒想到，這個詞彙與當今最熱門的機器學習扯上了關係，且聽作者慢慢道來……

· 中國餐館過程

紐約有一個中餐館，生意興隆，顧客無數，有各色人種都喜歡品嘗的美味佳餚，還有一套特別的就座規矩。假想餐館足夠大，可以當作有無限多張桌子。對點菜有一個限制規則：不同的桌子可以有不同的菜，但每張桌子上卻只能有同一道菜（份量足夠多）。第一個顧客到來，當然是坐上第一張桌子，他坐下之後點了一道菜。然後，進來了第二個顧客，他看了一眼 1 號桌的菜，如果他喜歡吃的話，就坐上 1 號桌，或者是另外再開一桌，自己點另一道菜。也就是說，從第二位顧客開始，每位顧客來到時都面臨不同機率的兩種選擇：選擇坐在已有顧客的某張桌子上，吃那張桌子上已經有的菜，或者是選擇新開一張桌子，再點一道新菜。選擇機率的規則如下：比如說，第 n ＋ 1（$n > 0$）個顧客到來的時候，已經在 k 張桌子上，分別坐了 n_1，n_2，$\cdots$，n_k 個顧客，那麼第 n ＋ 1 個顧客可以機率為 $n_i / (a + n)$ 選擇坐在第 i 張桌子上，或者以 $a / (a + n)$ 的機率選擇一張新的（第 k ＋ 1 張）桌子坐下，見圖 7-7-1。

267

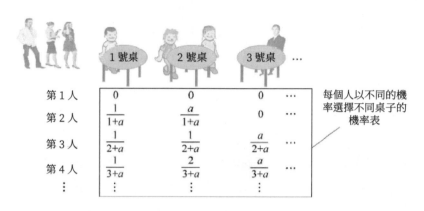

圖 7-7-1　中國餐館過程

　　將上述過程進一步解釋一下：進來的第 $n+1$ 個顧客，選擇新開桌子的機率為 $a/(a+n)$，選擇在某個有人的第 i 張桌子坐下的機率則正比於該桌子上原有的人數 n_i。所以，在 n 個顧客坐定之後，這 n 個顧客分到了 k 個桌子上，然後，第 $n+1$ 個顧客來到，再如此繼續下去……

　　從上面描述的過程，我們得到了些什麼呢？是否能對顧客在桌子上的分配情形有所預測？對此問題你可能會一臉茫然地說：唉，全都是「機率」，沒有任何確定的數值啊！的確是如此，每位新來的顧客以其選擇的機率，坐到以某種機率分配了人數的某個餐桌上……一切由機率決定，這是一個稱之為「機率的機率」的問題。

　　雖然「機率」一詞多得有點玄，但仔細一想問題中描述的顧客就座規律，多少還是符合現實的，既然餐館不規定顧客

座位，顧客當然是按機率就座。因為大多數人都喜歡湊熱鬧聊天，所以原來桌子上的人越多，新客人選擇該桌子的可能性便越大，此外，每張桌子上一致的菜式也影響顧客的選擇，使得顧客們自然地傾向於與「看起來和自己同一類的人」坐在一起，正是：物以類聚、人以群分。由此想像下去，最後結果可能會出現似乎按照桌子將人大致分類的現象，因為同樣種族的人聚集在同一張桌子上的機率更大。事實上，數學家們用與「中國餐館過程」類似的模型來實現機器學習中的「聚類」過程。

如上敘述的「中國餐館過程」，實際上是一個抽象化的數學模型，是與狄利克雷（Dirichlet）過程緊密相關並等效的過程，是對應於多項分布的「機率的機率」。

· 二項分布到多項分布

拋硬幣數次的隨機過程，用二項分布描述。即使是擲骰子，如果只考慮某一個面「出現」或「不出現」的機率分布，也可以使用二項分布。更一般的擲骰子問題，如果要同時考慮 6 個面出現的機率分布，便需要將二項分布推廣到多項分布（6 項分布）。

比較二項分布及多項分布概似函數的形式，如下所示。

二項分布 $p^{m}(1-p)^{n}$

多項分布 $\cdots\cdots \displaystyle\prod_{t=1}^{K} p^{m_t}(1-p)^{n_t}$

　　具體將以上的多項分布用到擲骰子的例子時，$N = 6$。但骰子也可以不是 6 面的，可以是 8 面、12 面……或推廣到任意多個面，同樣可以使用上式中的多項分布公式。

　　與前一節中引入貝它分布的目的類似，在多項分布中，為了方便起見，也可以引入共軛先驗分布，使得先驗分布、概似函數，以及後驗分布，都有類似的結構。因為此時後驗和先驗的差別只是指數冪的參數相加，使計算大大簡化。多項分布的先驗共軛，便是狄利克雷分布。因此，對多項分布的概似函數，如果公式（7-6-1）中的 $P(Y)$ 使用共軛先驗，即狄利克雷分布的形式，事後機率分布 $P(Y|$ 數據）仍然保持狄利克雷分布的形式，只是參數有所變化而已。

・ 狄利克雷分布

貝它分布： $f(x\,;\,\alpha\,,\beta) = \dfrac{1}{B(\alpha\,,\beta)} x^{\alpha-1}(1-x)^{\beta-1}$

狄利克雷分布： $f(x_1,\cdots,x_K\,;\,\alpha_1,\cdots,\alpha_K) = \dfrac{1}{B(\alpha)} \displaystyle\prod_{i=1}^{K} x_i^{\alpha_i-1}$

　　上式中的 $B(\alpha\,,\beta)$ 和 $B(\alpha)$ 是由伽馬函數定義的貝它函數，作為歸一化常數。二項分布和多項分布是離散機率分布，

但它們的共軛分布：貝它分布和狄利克雷分布，是連續機率分布。因此，上面的貝它和狄利克雷分布公式中參數 α 的取值範圍擴充到任何正實數。當所有的 $\alpha = 1$ 時，狄利克雷分布簡化為 K 維空間的均勻分布。貝它分布和狄利克雷分布都被稱為「分布的分布」。

以擲一個 6 面（$K = 6$）的骰子為例，如果我們不知道這個骰子的物理偏向性，各面（「1」、「2」、「3」、「4」、「5」、「6」）出現的機率分別記為 p_1、p_2、p_3、p_4、p_5、p_6（6 個機率之和為 1）。擲骰子 N 次之後，得到從「1」到「6」的一堆數據，每一個數字的數據都對應一個（待猜測的）分布，如何從這些數據來猜測這 6 個 p_i？貝氏分析的方法是首先給 p_i 一個假設分布，比如均勻分布（$p_i = 1/6$），即事前機率為 $f(x_1, x_2, x_3, x_4, x_5, x_6; 1, 1, 1, 1, 1, 1)$。然後，比如 N = 21，假設在 21 個樣本數據中，有 3 個「1」、4 個「2」、2 個「3」、3 個「4」、5 個「5」、4 個「6」，從貝氏公式可得事後機率為如下狄利克雷分布：$f(x_1, x_2, x_3, x_4, x_5, x_6; 4, 5, 3, 4, 6, 5)$。

這個狄利克雷分布決定了由這 21 個樣本而猜測的 6 個機率的分布函數。比較圖 7-7-2 中的（b）和（c）可知，後驗分布函數的形狀已經大大不同於先驗的「uniform」。

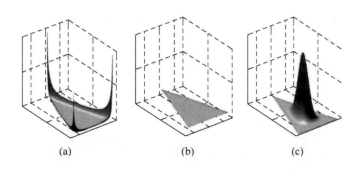

圖 7-7-2　不同 a 下的狄利克雷分布
(a) $\{\alpha_k\}=0.1$；(b) $\{\alpha_k\}=1$；(c) $\{\alpha_k\}=10$

・狄利克雷過程

　　上面例子中是一個已知 6 面的骰子。如果我們對實驗骰子的情況一無所知，甚至也不知道它有多少個面，從我們的樣本數據中，不僅僅出現「1」到「6」，或許突然就冒出來一個「12」，或者甚至「213」等奇怪的大數值。將來的數據也無法預測，在這種情形下，最好的方法是將我們的理論推廣到無窮大維數（即上面狄利克雷分布表達式中的 $K \to +\infty$）的情形。當狄利克雷分布之維度趨向無限時，便成為狄利克雷過程（Dirichlet process，DP）。

　　狄利克雷過程是無限非參數離散分布的先驗共軛，可以用在無限混合模型中作為事前機率分布，用於文檔分類、圖像識別等的聚類算法中。

機器深度學習的奧祕

前面介紹了幾種分類和聚類的方法，現在介紹一下，讓「AlphaGo」取勝的機器深度學習到底是什麼？簡單地說，深度學習與多層卷積人工神經網路，是意義類似的術語，因此我們就從神經網路說起……

・ 神經網路

顧名思義，人工神經網路是試圖模擬人類神經系統而發展起來的。它的基本單元是感知器，相當於人類神經中的神經元，作用是感知環境變化及傳遞訊息，見圖 7-8-1。人體中的神經元連接在一起形成樹狀或網狀結構，即人類的神經系統。人工神經元連接在一起，便成為如今深度學習的基礎：人工神經網路。

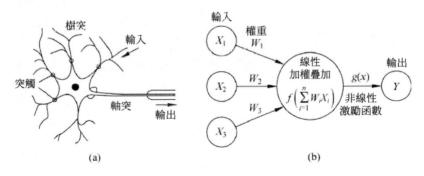

圖 7-8-1　神經元與人工神經網路中的神經元
（a）人腦中的神經元；（b）人工神經網路中的神經元

273

人工神經網路的研究早已存在，但只是在深度學習出現之
後，與機率統計分析方法相結合，近幾年才重新顯示出它的巨
大潛力。此外，現在所說的深度學習神經網路，不等同於人類
大腦結構，指的是一種多層次的計算模型和學習方法，見圖
7-8-2。為與早期研究的人工神經網路相區分，被稱之為「多層
卷積神經網路」，本文中簡稱為「神經網路」。神經網路的重
要特點之一就是需要「訓練」，類似於兒童在家長的幫助下學
習的過程。

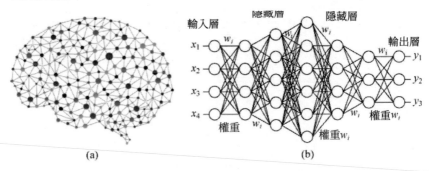

圖 7-8-2　神經網路
（a）大腦神經網路；（b）多層人工神經網路

　　如前所述，分類是學習中重要的一環，孩子們是如何學會
識別狗和貓的？是因為家長帶他見識了各種狗和貓，多次的
經驗使他認識了狗和貓的多項特徵，他便形成了自己的判斷方
法，將它們分成「貓」、「狗」兩大類。科學家們也用類似的
方法教機器學習。如圖 7-8-2（b）所示，神經網路由輸入層、
輸出層，以及多個隱藏層組成，每一層包含若干個如圖 7-8-1

（b）所示的神經元。每個神經元能做什麼呢？它也可以說是一個分類器。在圖 7-8-1（b）中，如果只有加權疊加的功能，便是最簡單的線性分類器。如果進一步包括激勵函數 g，便將工作範圍擴充到非線性。比如說，也許有些人認為可以從耳朵來區別貓狗：「狗的耳朵長，貓的耳朵短」，還有「貓耳朵朝上，狗耳朵朝下」。根據這兩個某些「貓狗」的特徵，將得到的數據畫在一個平面圖中，如圖 7-8-3（b）所示。這時候，有可能可以用圖 7-8-3（b）中的一條直線 AB，很容易地將貓狗透過這兩個特徵分別開來。當然，這只是一個簡單解釋「特徵」的例子，並不一定真能區分貓和狗。

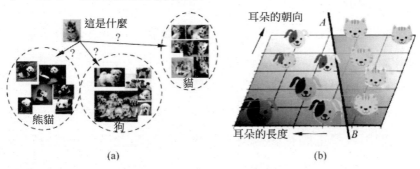

圖 7-8 3　機器分類
（a）分類；（b）狗還是貓

總而言之，一個人工神經元的基本作用就是可以根據某個「特徵」，將區域作一個線性劃分。那麼，這條線應該畫在哪兒呢？這就是「訓練」過程需要解決的問題。在圖 7-8-2（b）的神經元模型中，有幾個被稱為「權重」的參數 w_1、w_2、w_3，

第 7 章　趣談人工智慧的統計

「訓練」的過程就是調整這些參數，使得這條直線 AB 畫在正確的位置，指向正確的方向。上述例子中，神經元的輸出可能是 0，或者 1，分別代表貓和狗。換言之，所謂「訓練」，就是媽媽在教孩子認識貓和狗，對人工神經元而言，就是輸入大量「貓狗」的照片，這些照片都有標記了正確的結果，神經元調節權重參數就可以使輸出符合已知答案。

經過訓練後的神經元，便可以用來識別沒有標記答案的貓狗照片了。例如，對以上所述的例子：如果數據落在直線 AB 左邊，輸出「狗」，右邊則輸出「貓」。

· 多層的意義

圖 7-8-3（b）表達的是很簡單的情形，大多數情況下並不能用一條直線將兩種類型截然分開，比如圖 7-8-4 所示的越來越複雜的情形。

像圖 7-8-4（b）和（c）那樣不能用直線分割的問題，有時可以使用數學上的空間變換來解決。但實際上，大多數情形是對應於區別貓和狗時需要考察更多、更為細緻的特徵。特徵多了，調節的參數也必須增多，也就是說，神經元的個數需要增多。首先人們將網路增加為兩層，在輸入層和輸出層之間插入一個隱藏層，這使得數據發生了空間變換。也就是說，兩層具有激勵函數的神經網路系統可以做非線性分類。

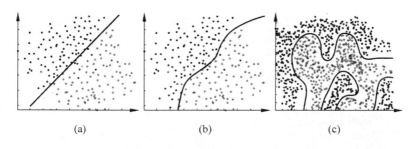

圖 7-8-4　更多的特徵需要更多的參數來識別
（a）2 個參數；（b）4 個參數；（c）50 個參數

　　在兩層神經網路的輸出層後面，繼續添加層次。原來的輸出層變成中間層，新加的層次成為新的輸出層，由此而構成了多層神經網路，參數數目（圖 7-8-2（b）中各層之間的權重 w_i）大大增加，因此系統能進行更為複雜的函數擬合。

　　更多的層次有什麼好處呢？透過研究發現，在參數數量一樣的情況下，更深的網路往往具有比淺層的網路更好的識別效率。

　　有趣的是，神經網路似乎具有某種對「結構」進行自動挖掘的能力，它只需要我們給出被分類物件的某些底層特徵，機器便能進行一定的自發「抽象化」。如圖 7-8-5 所示，一張「人臉」可以看作簡單模式的層級疊加，第一個隱藏層學習到的是人臉上的輪廓紋理（邊緣特徵），第二個隱藏層學習到的是由邊緣構成的眼睛鼻子之類的「形狀」，第三個隱藏層學習到的是由「形狀」組成的人臉「圖案」，每一層抽取的目標越來越抽象化，在最後的輸出中透過特徵來對事物進行區分。

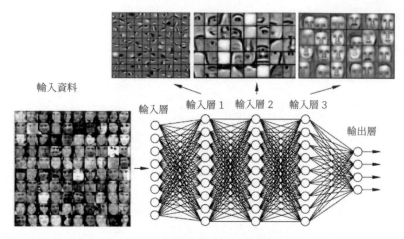

輸入資料

輸入層　輸入層 1　輸入層 2　輸入層 3　　輸出層

圖 7-8-5　每一層的分類能力似乎越來越「抽象化」

　　層數的多少，反映了神經網路的「深度」，層數增多導致網路的節點數增多，即神經元的數目也增多。2012 年，吳恩達（Andrew Ng, 1976 ～）和傑夫‧迪恩（Jeff Dean, 1968 ～）共同主導的 Google Brain 項目，在語音辨識 K 和圖像辨識等領域獲得了巨大成功。他們使用的「深度神經網路」，內部共有 10 億個節點。然而，這一網路仍然不能與人類的神經系統相提並論。真正人腦中的神經系統是一個非常複雜的組織，據說成人的大腦中有成百上千億個神經元。

　　神經網路雖然源於對大腦的模擬，但後來的發展則更大程度上被數學理論及統計方法所指導，正如飛機這一交通工具的發展過程，源於對鳥兒飛翔的模仿，但現代飛機的結構與鳥類的身體構造風馬牛不相及。

· 卷積的作用

　　機器學習就是從大量數據中挖掘有用的訊息，層數越多，挖得越深。除了多層挖掘之外，每一層的「卷積」運算對目標「特徵」的抽象化有重大意義。

　　為了更好理解卷積的作用，我們可以與聲音訊號的傅立葉分析相比較。聲音訊號在時間域中是頗為複雜的曲線，需要大量數據來表示。如果經過傅立葉變換到頻率域後，便只要少量幾個頻譜，基頻和幾個泛音的數據就可以表示了。也就是說，傅立葉分析能夠有效提取和儲存聲音訊號中主要成分，降低描述數據的維數。卷積運算在神經網路中也有類似作用：一是抽象化重要成分，拋棄冗餘訊息，二是降低數據矩陣的維數，節約計算時間和儲存空間。

　　以神經網路辨識圖像（比如貓的照片）為例，一般來說，輸入是像素元組成的多維矩陣（例如 512×512），在神經網路中人為地設定一個卷積核心矩陣，應該根據需要抽取的訊息而決定（註：圖 7-8-6（b）中的卷積核心矩陣沒有任何實用意義）。卷積運算後，得到一個比輸入矩陣更小的矩陣。圖 7-8-6 直觀地描述了卷積的作用。輸入是 5×5 的矩陣，卷積核心是 3×3 矩陣。最後輸出的是 2×2 矩陣，輸出比輸入的維數小，但仍然包含了原始輸入中的主要訊息。

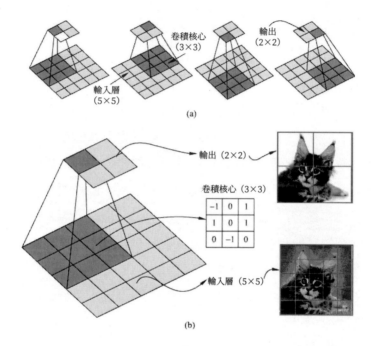

圖 7-8-6　卷積作用的示意圖

（a）卷積原理示意圖；（b）卷積降低維數

參考文獻

[1] DEVLIN K. The Unfinished Game：Pascal, Fermat, and the Seventeenth-Century Letter that Made the World Modern [M/OL]//SKYRMS B. FERMAT AND PASCAL ON PROBABILITY. New York：Basic Books, 2008. https：//www.york.ac.uk/depts/maths/histstat/pascal.pdf.

[2] PAPOUIS A. Probability, Random Variables, and Stochastic Processes [M]. 2nd ed. New York：McGraw-Hill, 1984.

[3] JOSEPH B.Calcul des probabilités[M]. Paris：Gauthier-Villars, 1889, 5-6.NEWCOMB S. Note on the frequency of use of the different digits in natural numbers[J]. American Journal of Mathematics, 1881, 4 (1)：39-40.

[4] BENFORD F. The law of anomalous numbers [J].Proceedings of the American Philosophical Society.，1938, 78：551-572.

[5] HILL T P A. Statistical Derivation of the Significant-Digit Law [J].Stat. Sci.，1996, 10：354-363.

[6] MCGINTY J C. Accountants Increasingly Use Data Analysis to Catch Fraud. The wallstreet journal [OL]. https：//www.wsj.com/articles/accountants-increasingly-use-data-analysis-to-catch-fraud-1417804886.

[7] BRUSKIEWICH P. The Brilliant Bernoulli-a Mathematical Family[M]. San Francisco：Pythagoras Publishing, 2014：50.

[8] DANIEL B.Exposition of a New Theory on the Measurement of Risk[J]. Econometrica, 1954, 22：23-36.

[9] IMREVUVAN B. Central limit the orems for Gaussian polytopes [J]. Annals of Probability, 2007, 35(4)：1593-1621.

[10] MARTIN G. "Mathematical Games" column [J].Scientific American, 1959, 180-182

[11] ALAN H B, MATTHEW L J, ROBERT N L.A Tale of Two

Goats...and a Car, or The Importance of Assumptions in Problem Solutions [J]. Journal of Recreational Mathematics, 1995, 1-9.

［12］ MORGAN J P CHAGANTY N R, DAHIYA R C, et al.Let's make a deal：The player's dilemma[J/OL].American Statistician, 1991, 45：284-287.http：//www.its.caltech.edu/ ～ ilian/ma2a/monty1.pdf.

［13］ RICHARD G.The Monty Hall Problem is not a probability puzzle (it's a challenge in mathematical modelling)[J/OL]. Statistica Neerlandica, 2011, 65(1)：58-71.http：//arxiv.org/pdf/1002.0651v3.pdf.

［14］ JAYNES E T.Probability Theory：The Logic of Science[M]. Cambridge：Cambridge University Press, 2003.

［15］ WEINBERG S.The Trouble with Quantum Mechanics[J/OL]. The New York Review of Books, 2017, 19, Issue.http：//www.nybooks.com/articles/2017/01/19/trouble-with-quantum-mechanics/.

［16］ EINSTEIN A, PODOLSKY B, ROSEN N.Can Quantum-Mechanical Description of Physical Reality Be Considered Complete? [J].Physical Review, 1935, 47 (10)：777-780.

［17］ CAVES C M, FUCHS C A, SCHACK R.Quantum Probabilities as Bayesian Probabilities [J].Physical Review, 2002, A65, 022305.

［18］ VON BAEYAR H C.QBism：The Future of Quantum Physics [M]. Boston：Harvard University Press, 2016.

［19］ EDDY S R.What is Bayesian statistics? [J].Nature Biotechnology, 2004, 22, 1177-1178.

［20］ VANDERPLSA J. Frequentism and Bayesianism：A Python-drivenPrimer[J/OL]. arXiv：1411.5018 [astro-ph.IM].2014. https：//arxiv. org/abs/1411.5018.

［21］ RUGGLES R. BRODIE H. An Empirical Approach to Economic Intelligence in World War Ⅱ [J].Journal of the American

Statistical Association, 1947, 42 (237)：72.

[22] MARKO A A.Extension of the limit theorems of probability theory to a sum of variables connected in a chain[M].New York：John Wiley and Sons, 1971.

[23] REARSON K.The Problem of the Random Walk [J].Nature, 1905, 72 (1865)：294.

[24] FINCH S R.Mathematical Constants [M].Cambridge：Cambridge University Press, 2003：322-331.

[25] FREEMAN P R.The secretary problem and its extensions：A review[J]. International Statistical Review, 1983, 51 (2)：189-206.

[26] GUSEIN-ZADE S M.The problem of choice and the optimal stopping rule for a sequence of random trials[J].Theory Probab, 1966, 11 (3)：472-476.

[27] CLAUSIUS R, HIRST T A.The Mechanical Theory of Heat-with its Applications to the Steam Engine and to Physical Properties of Bodies-Primary Source Edition[M].Charleston：Nabu Press, 2014：120.

[28] PENROSE R.The Road to Reality：A Complete Guide to the Universe [M].New York：Alfred A.Knopf, 2004, 705-706.

[29] SHANNON C E.A Mathematical Theory of Communication [J]. Bell System Technical Journal, 1948, 379-423, 623-656 .

[30] MACKAY, DAVID J C.Information Theory, Inference and Learning Algorithms[M].Cambridge：Cambridge University Press, 2003.

[31] DUNCAN W. Six Degrees：The Science of a Connected Age[M]. New York：W. W. Norton & Company, 2003, 100.

[32] SILLVER D, et al.Mastering the game of Go with deep neural networks and tree search[J]. Nature, 2016, 529：484-489.

[33] CORTES C, VAPNIK V. Support-vector networks[J]. Machine Learning, 1995, 20 (3)：273-297.

［34］ STUART R, PETER N. Artificial Intelligence： A Modern Approach [M].2nd ed. Upper Saddle River： Prentice Hall.2003, 90.

［35］ ALDORS D J. Exchangeability and related topics[M]. Berlin： Springer, 1985, 1-198.

電子書購買

國家圖書館出版品預行編目資料

從骰子遊戲到 AlphaGo：擲硬幣、AI 圍棋、俄羅斯輪盤，生活中處處機率，處處有趣！/ 張天蓉著 . -- 第一版 . -- 臺北市：崧燁文化事業有限公司 , 2022.06
　　面；　公分
POD 版
ISBN 978-626-332-361-2(平裝)
1.CST: 機率論 2.CST: 通俗作品
319.1　　　111006893

從骰子遊戲到 AlphaGo：擲硬幣、AI 圍棋、俄羅斯輪盤，生活中處處機率，處處有趣！

臉書

作　　　者：張天蓉
編　　　輯：朱桓嫿
發 行 人：黃振庭
出 版 者：崧燁文化事業有限公司
發 行 者：崧燁文化事業有限公司
E - m a i l：sonbookservice@gmail.com
粉 絲 頁：https://www.facebook.com/sonbookss/
網　　　址：https://sonbook.net/
地　　　址：台北市中正區重慶南路一段六十一號八樓 815 室
Rm. 815, 8F., No.61, Sec. 1, Chongqing S. Rd., Zhongzheng Dist., Taipei City 100, Taiwan
電　　　話：(02) 2370-3310　　傳　　　真：(02) 2388-1990
印　　　刷：京峯彩色印刷有限公司（京峰數位）
律師顧問：廣華律師事務所 張珮琦律師

定　　　價：375 元
發行日期：2022 年 06 月第一版
◎本書以 POD 印製